# 赤壁市黄盖湖

## 湿地生物多样性科考报告

CHIBI SHI HUANGGAI HU
SHIDI SHENGWU DUOYANGXING KE-KAO BAOGAO

主　编／江雄波　钟昌龙
副主编／杨杰峰　宋　璨　王贝利

西南财经大学出版社

中国·成都

图书在版编目(CIP)数据

赤壁市黄盖湖湿地生物多样性科考报告/江雄波,钟昌龙主编;杨杰峰,宋璨,王贝利副主编.—成都:西南财经大学出版社,2023.3
ISBN 978-7-5504-5712-6

Ⅰ.①赤⋯ Ⅱ.①江⋯②钟⋯③杨⋯④宋⋯⑤王⋯ Ⅲ.①内陆湖—沼泽化地—生物多样性—考察报告—赤壁市 Ⅳ.①Q16

中国国家版本馆 CIP 数据核字(2023)第 046736 号

**赤壁市黄盖湖湿地生物多样性科考报告**
主　编　江雄波　钟昌龙
副主编　杨杰峰　宋　璨　王贝利

责任编辑:雷　静
责任校对:高小田
封面设计:墨创文化
责任印制:朱曼丽

| | |
|---|---|
| 出版发行 | 西南财经大学出版社(四川省成都市光华村街55号) |
| 网　址 | http://cbs.swufe.edu.cn |
| 电子邮件 | bookcj@swufe.edu.cn |
| 邮政编码 | 610074 |
| 电　话 | 028-87353785 |
| 照　排 | 四川胜翔数码印务设计有限公司 |
| 印　刷 | 四川五洲彩印有限责任公司 |
| 成品尺寸 | 170mm×240mm |
| 印　张 | 13.5 |
| 字　数 | 232 千字 |
| 版　次 | 2023 年 3 月第 1 版 |
| 印　次 | 2023 年 3 月第 1 次印刷 |
| 书　号 | ISBN 978-7-5504-5712-6 |
| 定　价 | 88.00 元 |

# 《赤壁市黄盖湖湿地生物多样性科考报告》
## 编委会

# 内容简介

## BRIEF INTRODUCTION OF THE CONTENT

《赤壁市黄盖湖湿地生物多样性科考报告》是开展生物多样性本底调查示范的成果报告，对湖北省赤壁市陆水湖湿地公园和黄盖湖湿地内生物多样性进行了介绍。全书以黄盖湖湿地为主，统计了赤壁市湿地内动植物本底多样性的组成，并对其特征进行了分析，为湿地公园未来的规划建设和生态保护提供了第一手资料。同时本书还提供了用于生物多样性本底调查的一系列技术规范，包括调查对象与范围，植被、群落与生态系统特征描述，动植物编目，标本采集与保存，样线法和样方设置，数据处理，结果分析等。本书适用于生物学、生态学、环境科学等专业的研究人员和高等学校师生阅读，也可以作为政府管理人员的参考资料。

# 前 言
PREFACE

　　湿地是自然界中生物多样性极为丰富的生态系统和人类极重要的生存环境之一，具有涵养水源、调蓄洪水、调节气候、净化水体、保护生物多样性等多种生态功能，被誉为"地球之肾"。湿地与人类的生存、繁衍、发展息息相关，是人类发展和社会进步的环境及物质基础之一，湿地生态系统的稳定和健康是区域生态安全和经济可持续发展的重要保障。《关于特别是作为水禽栖息地的国际重要湿地公约》（简称《湿地公约》）第十四届缔约方大会于 2022 年 11 月 13 日在湖北省武汉市闭幕，这是我国首次承办该国际会议，大会通过的"武汉宣言"提道，湿地是全球重要生态系统之一，湿地的保护、修复、管理以及合理和可持续利用，对应对气候变化和生物多样性丧失等紧迫环境问题、社会问题和经济挑战至关重要，同时保障着人类和整个地球的健康和福祉安全。会议还提出未来我们需要加快推进湿地保护和修复行动，遏制湿地退化，并将湿地保护和修复恢复纳入国家可持续发展战略。

　　赤壁市地处湖北省东南部，长江中游的南岸，北倚省会武汉，南临湘北重镇岳阳，素有"湖北南大门"之称，是武汉城市圈的重要组成部分。赤壁市大小湖泊众多，以国家级 AAAA 风景区陆水湖和黄盖湖为主的湿地，动植物资源非常丰富，尤其是黄盖湖湿地公园。近几年来，黄盖湖每年冬季的候鸟多达四万到五万只。2021 年冬季，全球极危物种、中国 I 级重点保护野生动物白鹤在黄盖湖的种群数量达到近 80 只，对比湖北省内其他各国家级湿地，这几乎是首屈一指的规模。黄盖湖湿地作为全球白鹤重要栖息地的功能已经充分凸显。

本书是湖北赤壁市湿地生物多样性系列丛书的第 1 部，旨在通过科学的语言和精美的图片让大众了解湖北赤壁市湿地内的生物多样性。本书对湖北省赤壁市陆水湖湿地公园和黄盖湖湿地内的生物多样性进行了介绍，以黄盖湖湿地为主，统计了赤壁市湿地内动植物本底多样性的组成，并对其特征进行了分析，为湿地公园未来的规划建设和生态保护提供了第一手资料。同时本书还提供了用于生物多样性本底调查的一系列技术规范，包括调查对象与范围，植被、群落与生态系统特征描述，动植物编目，标本采集与保存，样线法和样方设置，数据处理，结果分析等。本书对未来的黄盖湖湖泊湿地保护途径进行了客观分析，为进一步加强湿地生态保护修复管理和实施湿地生态修复工程等提供了科学依据。

由于时间紧迫，项目野外调查和资料整理的时间不到 1 年，加之编者水平有限，本书难免有疏漏之处，敬请批评指正。

编者

2022 年 11 月

# 目　录

CONTENTS

# 1

# 陆水湖湿地和黄盖湖湿地概况

## 1.1　历史沿革

　　赤壁原名蒲圻，隶属湖北省。赤壁市地处湖北省东南部，长江中游的南岸，为幕阜低山丘陵与江汉平原的交界地带。赤壁北倚省会武汉，南临湘北重镇岳阳，素有"湖北南大门"之称，为武汉城市圈的重要组成部分。蒲圻这个古称，缘起于三国东吴黄武二年设置的蒲圻县，该地的湖泊多盛产蒲草（古时编织蒲团的材料）并形成集市，蒲圻因此而得名。1986 年 5 月，经国务院批准，蒲圻县撤县设市，由咸宁市代管；1998 年 6 月，更名为赤壁市。

### 1.1.1　陆水湖湿地公园

　　图 1-1 为陆水湖湿地公园一景，图 1-2 为远眺陆水湖所看到的风景。陆水湖湿地公园位于湖北省赤壁市城区陆水湖大道 646 号，是 1958 年在陆水河上建设葛洲坝工程试验枢纽而形成的人工湖泊湿地公园。陆水湖发源于湘鄂赣三省交界的通城县幕阜山北麓，穿通城、崇阳、赤壁、嘉鱼经陆溪口入长江，全长 183km，流域面积 3 650km$^2$，水域面积 57km$^2$，是湖北省境内注入长江的第四大支流，素有湖北"千岛湖"的美称。湖北赤壁陆水湖湿地公园规划总面积 118km$^2$，湖岸线长 242km。1 800 多年前，三国东吴大将陆逊

屯兵河岸操练水师，陆水湖因此而得名，并由此扬名千古。

陆水湖中有大小100多个岛屿，大岛100公顷（1公顷＝0.01平方千米）以上，小岛面积较小，如一叶扁舟，湖似青罗带，山如碧玉簪；有700多个半岛，绵延几十千米，将陆水湖围得严严实实，其山、水、林、洞光怪陆离，构成一个庞大的湿地生态系统。

图1-1　陆水湖远眺

图 1-2　陆水湖湿地公园一景

1958 年，经毛主席、周总理批准，在此兴建大型水利水电综合试验坝，即"三峡试验坝"。这是中国水利史上第一次采用大块体预制安装筑坝施工方法的试验坝，一系列相关技术参数为葛洲坝和三峡水利枢纽工程建设提供了科学依据。陆水水库属大型水库，总库容为 7.06 亿立方米，总装机容量为 35 200 千瓦，年发电量为 1.12 亿度，灌溉面积 25.2 万亩（1 亩 ≈ 666.7 平方千米），集灌溉、发电、防洪、航运、养殖、供水及旅游、疗养等功能于一体，惠泽流域百万民众。为保护绿色家园，维护生态和谐，该市关闭沿湖工矿企业和餐饮店，扩大湖边及湖内岛屿植被规模，使湖区及周边生态环境得到有效保护。为加强陆水湖管理和建设，国家先后设立长江水利委员会陆水试验枢纽管理局、赤壁市陆水湖风景区管理委员会、陆水湖国家湿地公园管理处。

2002 年，陆水湖被国务院审定为第四批国家级风景名胜区，2009 年被国家旅游局（现为中华人民共和国文化和旅游部）评定为 AAAA 旅游景区，2015 年被国家林业局批准为国家湿地公园。

2022 年 5 月 19 日，中国生物多样性保护与绿色发展基金会（简称中国绿发会、绿会）批准同意湖北赤壁陆水湖国家湿地公园加入中国生物多样性保护与绿色发展基金会生态文明驿站体系，成为中国绿发会第 90 家生态文明驿站，同时也是 2022 年中国绿发会新规范、新标准下的首个生态文明驿站。

### 1.1.2 黄盖湖湿地

黄盖湖位于湖北省赤壁市西北湘鄂交界的长江中游南岸，湖南省临湘市的东北角，距赤壁县城 35 千米，属湘鄂两省的天然边界，地处长江之滨。黄盖湖是古洞庭湖云梦泽的一部分，1 800 多年前，黄盖湖原本叫太平湖，是洞庭湖的一大湖汊。黄盖湖水域流向是从鸭棚口河经铁山咀在太平口与长江连通，水位随长江水位涨落。东汉建安十三年（208 年）曹操、孙权、刘备在赤壁进行三分天下的大战，称"赤壁之战"。《大清一统志》记载："黄盖曾建议火攻曹营，终于以少胜多，孙权论赤壁战功，即以此湖赐黄盖。"又有清康熙《临湘县志》记载："黄盖湖，县东九十里，会蒲圻、嘉鱼、临湘三县水，汇为巨浸。相传赤壁鏖兵时，黄盖被箭沉江，后论功，孙权以此湖赐盖，故名。"这是黄盖湖名字的最初来源。概括来说赤壁大战时，黄盖为东吴水军主将，建议火攻，带领满载薪草、灌有膏油的船只数十艘以"苦肉计"诈降曹操,乘机纵火,大破曹军。赤壁之战后,孙权论功行赏,以此湖赐黄盖,并改名为黄盖湖。光阴的洗礼与岁月的变迁,并未完全磨灭那些历史的痕迹,至今黄盖湖周边还保留着黄盖府、黄盖庙、黄盖墓、司鼓台、点将台等遗迹,似乎随时都在提醒后人记住这里的那段烽烟往事。

黄盖湖流域跨越湖北、湖南两省,属洞庭湖水系,流域面积 1 240km²,水域总面积 311 km²。它背靠幕阜山脉群峰,有一条长约 12 km 的河流并注入长江。黄盖湖在古代战争中,是可攻可守、可进可退的战备要地。黄盖湖流域内共有大小堤垸 26 个,堤垸总长 85.1 km,人口近 10 万人,耕地和养殖面积达 29 万亩。经过半个世纪的围垦,这里已建设成为基础设施完好、水陆交通便利的鱼米之乡。近 5 年来,在已记载的黄盖湖丰富的生物多样性中,鸟类几乎占据了大部分。以冬候鸟为例,2021 年冬季,到黄盖湖地区越冬的水鸟数量多达四万到五万只。冬春交替之际,正是冬候鸟迁徙的高峰期,无论是宽广无垠的水面,还是水泽滩涂间,我们都能找到群鸟的身影。黄盖湖丰富的水鸟资源和高度的物种稀有性极具保护价值,已经引起专家学者和地方老百姓的高度关注。

但是,2017 年以前的黄盖湖,处处是渔民的围网、围栏、渔网和渔船,人为干扰因素多,使冬候鸟的数量和品种都稀少。2017 年 1 月,根据赤壁市委市政府工作安排,陆水湖国家湿地公园管理处与赤壁市林业局正式分离,成为赤壁市首个湿地保护专业机构,并接手黄盖湖的拆围和湿地恢复等保护性工作。在赤壁市政府、余家桥乡政府等多个部门和地方群众的共同努力下,截至 2017 年 11 月 6 日,黄盖湖已拆除围网围栏 5 处,拆除面积 9 487亩;网箱 3 235 个;已拆除"迷魂阵" 1 008 部。

如今的黄盖湖已然恢复了她应有的宁静和妩媚,那种千帆竞发、渔歌唱晚的情景,随着生态建设的滚滚大潮,已一去不返。今天的黄盖湖,湖面宽广,岸线绵长,其中的洲山岛屿、自然滩涂和湖泊水面构成的风景美不胜收,这样的美景在冬去春来、水涨水落的轮回中,展示着大自然的鬼斧神工,宛如一幅幻妙无穷的美丽生态画卷。

以下(见图 1-3~图 1-11)是恢复保护后的黄盖湖现状(拍摄于 2021秋冬季)以及 2017 年黄盖湖治理前及治理工作过程中的部分图片。

图 1-3　黄盖湖湿地现状（一）（摄于 2021 年）

图1-4　黄盖湖湿地现状（二）（摄于2021年）

图 1-5　黄盖湖（一）（2017 年以前）

图 1-6　黄盖湖（二）（2017 年以前）

图1-7　黄盖湖渔民（2017年以前）

图 1-8　黄盖湖湿地湖面养殖围栏（2017 年以前）

图 1-9　黄盖湖渔业养殖（2017 年以前）

图 1-10 黄盖湖拆围治理（一）（2017 年）

图 1-11 黄盖湖拆围治理（二）（2017 年）

## 1.2 地理位置

### 1.2.1 陆水湖湿地公园

陆水湖湿地公园位于湖北省赤壁市东南部,处于东经113°52′~114°03′,北纬29°40′~29°42′之间,紧邻赤壁市城区,距武汉市约120千米。赤壁境内陆水湖区和周边涉及官塘驿镇、陆水湖办事处管辖了17个行政村及官塘林场红林山分场、陆水林场。陆水湖是因国家批准建设三峡工程试验坝而形成的人工湖,库容量1.06亿 m³,是陆水湖流域内重要的蓄水库,在蓄洪防旱、调节气候、控制土壤侵蚀、缓解环境污染等方面起着重要的作用。陆水湖湿地公园已开发的自然景观主要有三峡实验大坝、鸟岛、凤凰岛、郊野一条街、民俗风情岛、民俗乐园、好运岛、水浒城、玄素洞、雪峰山。

陆水湖南岸的雪峰山主峰海拔430米,峰峦叠翠,竹丰林茂,流水潺潺。崭新的芳世湾大桥犹如长虹卧波,横跨陆水湖两岸,成为一道格外靓丽的风景线,也极大地改善了当地群众出行的交通状况。

图1-12和图1-13是陆水湖湿地的实景照片,拍摄于陆水湖湿地公园,同时其也是风景名胜区,是1987年经湖北省人民政府审定的首批四个省级风景名胜区之一,并于2002年被国务院审定为第四批国家级风景名胜区,2009年被国家旅游局评定为AAAA旅游景区,2015年被国家林业局批准为国家湿地公园。陆水湖风景名胜区规划总面积190.9平方千米,以三国赤壁文化、碧湖千岛风光为特色,观光游览、生态休闲为主要功能。

陆水湖是1958年在陆水河上建设葛洲坝工程试验枢纽而形成的人工湖,水域面积57平方千米,总蓄水量7.2亿立方米。陆水湖有大小800多个岛屿。

图1-12　陆水湖国家级AAAA风景区(2022年拍摄)

图1-13 陆水湖风景名胜区(引自微信公众号黄盖湖之家)

### 1.2.2　黄盖湖湿地

黄盖湖湿地处于长江中游南岸，位于湘、鄂两省交界处，是洞庭湖和长江之间的重要湿地，地理坐标为东经113°29′48″~113°36′40″，北纬29°37′00″~29°46′12″。西部和南部近2/3区域属湖南省临湘市管辖，涉及黄盖镇、乘风乡、源潭镇、聂市镇、定湖镇、坦渡乡、江南镇、羊楼司镇8个乡镇。北部和东部的1/3区域属湖北省赤壁市管辖，涉及黄盖湖镇、沧湖区、余家桥乡、新店镇、赵李桥镇5个乡镇。流域面积为1 538km²，其中经临湘市的流域面积为1 106 km²，经赤壁市的流域面积为432 km²。黄盖湖湿地总面积为107.8 km²。

图1-14~图1-21是编者团队在赤壁市黄盖湖湿地实地取景拍摄的图片，均拍摄于2021至2022年。

图1-14　黄盖湖湿地航拍图

图1-15 黄盖湖鸿雁群

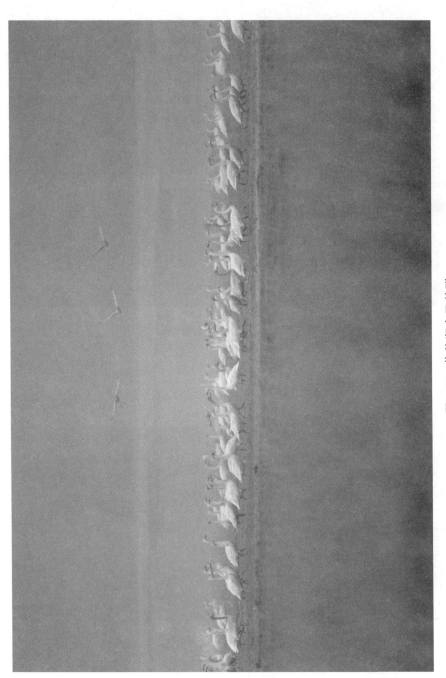

图1-16　黄盖湖小天鹅群

图 1-17　黄盖湖湿地堤岸（一）

图 1-18　黄盖湖湿地堤岸（二）

图1-19 黄盖湖湿地生态系统（一）

图1-20 黄盖湖湿地生态系统（二）

图 1-21　黄盖湖夕阳余韵

## 1.3 地质地貌

### 1.3.1 地质

黄盖湖地处洞庭湖盆地边缘，形成于燕山运动，延续于喜马拉雅运动断陷盆地。盆地东面为幕阜山隆起，西面为华容隆起。黄盖湖所处的大地构造单元为扬子准地台，属于新华夏构造体系，地壳运动相对平静，构造运动较弱。根据《中国地震动参数区划图》（GB18306—2015）的记录，本地地震动反应谱特征周期为 0.35 秒，地震动峰值加速度为 0.05g，相应地震基本烈度为Ⅵ度，属相对稳定地块。湖泊范围内的总地势东南高西北低，周边陆地的地貌以低山丘陵为主，纵横相连，起伏幅度较小；湖泊、平原地区地势平坦。区域内地表水系较为发达，沟渠纵横交错，大小湖泊有 10 多处，汇集河流 3 条，流出河流 1 条，池塘数量众多。

黄盖湖所在的临湘市和赤壁市地层发育齐全，从老到新有元古界冷家溪群、板溪群；古生界震旦纪、寒武纪、奥陶纪、志留纪、泥盆纪、石炭纪、二叠纪；中生界三叠纪、侏罗纪、白垩纪；新生界第三纪和第四纪，其中以第四纪地层分布最广。

### 1.3.2 地貌

地史初期，此区域原是地槽海，一片汪洋，沉积物深厚。震旦纪，陆地不断上升，气候逐渐寒冷。寒武纪，海水自印度入侵，该区域曾一度沉陷为浅海。奥陶纪，陆地又逐渐出现。尔后，该地区在漫长的岁月里浅海和陆地交替变换。从中期志留纪至早期泥盆纪，受加里东运动影响，此区域海水退出，全部上升成陆。中期泥盆纪以后，该地区再度沦陷为浅海。印支运动期，陆地地面抬升，海水大规模消退，此区域全部上升为陆地，进入造陆运动，发展成为陆地。至中生界侏罗纪、白垩纪，受燕山运动影响，幕阜山脉继续隆起，而西及北部凹陷成为宽大的洞庭盆地。新生界第三纪，喜山运动波及甚远，西部出现沉江凹陷，湖盆继续下沉，虽凹陷深度加深，但湖盆范围有所缩小。新生界第四纪，由于受褶皱和断裂运动的影响，该区域沉降加剧，但因沉积速度超过沉降速度，故湖滨陆地加大，形成广阔的平原，并逐渐与洞庭湖主湖泊分离。而其余地区则在流水侵蚀作用下，逐渐形成低山、丘陵和岗地等复杂的地貌形态。

赤壁市与临湘市位于幕阜山脉隆起、洞庭湖凹陷以及长江断裂带交接处，其东南、西北山峦起伏，周边山丘连绵不断，西北江湖交错。幕阜山余脉在区域东南部绵延，突起为高埠，形成临湘市境内最高峰药菇山，向南与罗霄山脉和南岭山脉相连接。区域地势起伏较大，切割深度50~150m，地面高程从临湘市海拔最低点，即江南谷花洲23m到最高点，即药菇山海拔1 261.1m，区域内的地貌以丘陵与岗地为主，北部、西部为长江冲积平原，南部为山地丘陵地貌，地势自西北向东南，呈阶梯状倾斜抬升。

由于河流及湖泊的机械沉积作用强，此区域形成了由深厚的河湖冲积物组成的平坦地面，即造就了本区域的平原地貌。其地表开阔平坦、高程较低，海拔高度在50m以下，相对高度小于10m，坡度小于10度。因地处洞庭湖边缘，冲积平原土质肥沃，水热条件好，河湖沉积物深厚，湖区周边水系河网密布，因此这里成为粮、棉、油、渔、水生物的重要产区。故赤壁市和临湘市为粮食生产重要产区，素有"鱼米之乡"之称。

图1-22~图1-28为笔者团队拍摄的黄盖湖及其分支湖泊东港湖周边的实景图片。

图 1-22　黄盖湖湿地水坝枢纽

图 1-23　东港湖垸湿地

图 1-24 东港湖垸滩涂

图 1-25　黄盖湖周边居民区（一）

图 1-26　黄盖湖周边居民区（二）

图 1-27　黄盖湖周边居民区（三）

图 1-28　黄盖湖周边民居区（四）

## 1.4 气候

黄盖湖属于中亚热带向北亚热带过渡的季风湿润气候区，四季分明、夏热冬冷、雨量充沛、热量丰富；年平均无霜期为253.1天，年平均日照时数为1 562.6小时，年平均气温为17℃，以1月气温为最低，多年平均为4.2℃，7月气温最高，多年平均为28.8℃；年平均相对湿度为85%。

### 1.4.1 气温

黄盖湖多年平均气温为17℃，除东南部山区较低（平均为15.8℃）外，其余地区为16℃~17.8℃。0℃以上（包括0℃）的有效天数为300天，保证率80%；10℃以上（包括10℃）的有效天数为228天，保证率80%。最低温度出现在1月（65%）或2月（35%），平均气温4.2℃；最热为7月，平均气温28℃。

### 1.4.2 降水

黄盖湖属于古云梦泽，位于洞庭湖盆地的边缘和幕阜山余脉，其东南山区丘陵部分临近临湘市暴雨中心，故东南山区丘陵降雨较多，西北平原湖区降雨较少。地貌的具体布局对降水起重要分配作用，从大范围来看，降水分布与大规模的经、纬度地带分布一致，区域属亚热带季风湿润气候区，总降雨量丰富。

### 1.4.3 风

黄盖湖属亚热带季风气候，风向有明显的季节变化，全年多北风或东北风，春季多东北风，夏季以南风为主，秋季多偏北风，冬季以北风为主。

### 1.4.4 湿度

黄盖湖处于洞庭湖区，周边湿度较高，平均相对湿度为85%，春末夏初阴雨连绵，湿度较高；秋季湿度较低。全年1~6月、9月平均湿度较7月、8月、10~12月更高。

## 1.5　水文

### 1.5.1　水资源现状

本区域属亚热带季风湿润气候，雨量充沛，多年平均降雨量为1 465.2mm，地表水源资源丰富，地下水主要来自松散堆积层的孔隙水，为降水和灌溉回填水所补充，并且其水质分布不一致。采取过滤措施后地下水成为广大群众的主要饮用水源。本区水资源主要是由地下水、地表水和过境水组成。

### 1.5.2　水质现状

黄盖湖湖体水草丰茂，底栖生物及浮游生物多，菱角、芡实、芦苇等湿地植物分布广泛，属富营养型湖泊。近年来，通过开展综合整治，黄盖湖湖泊的水质和环境有较明显提升。

### 1.5.3　河流水系

赤壁市、临湘市境内水域广袤，河淹水系发达。赤壁市境内有陆水、蟠河、汀泗河3条主要河流纵贯全境，构成陆水、黄盖湖、西凉湖三大水系，流域面积4 500km$^2$。长江过境江段全长24.69km，平均年过境水量6 409亿m$^3$。临湘市有长度为32.7km的长江流干流，境内河流众多，桃林河、坦渡河、源潭河蜿蜒向北注入黄盖湖，通过鸭棚河汇集到长江。

### 1.5.4　湖泊

黄盖湖周边有沧湖、治湖、肖田湖、洋溪湖、小脚湖、涓田湖、东港湖、定子湖、中山湖等10多处大小湖泊。这些湖泊古时均属洞庭湖区，后期由于长江洪泛作用淤积和人为修建堤坝和围堰，它们在空间上逐渐相互隔离，最终形成了图1-29为我们拍摄的黄盖湖——东港湖候鸟栖息地。图1-30为黄盖湖湿地——黄盖咀湖滩（来源于"黄盖之家"微信公众号）。

图1-29 黄盖湖——东港湖候鸟栖息地

图1-30　黄盖湖湿地——黄盖咀湖滩(引自微信公众号"黄盖之家")

# 1.6 土壤

湿地土壤是湿地生态系统的一个重要的组成部分，是湿地获取化学物质的最初场所及生物地球化学循环的媒介。湿地土壤具有维持生物多样性、分配和调节地表水分、分解和降解污染物、保存历史文化遗迹等功能。结合湿地土壤的生态功能、物质"源汇"功能、"养分库"功能、"净化器"功能以及"记忆"功能，利用层次分析法，我们可以用湿地土壤环境功能评价指标体系及其评价方法，构建湿地土壤环境功能评价的概念模型。对湿地土壤及其环境功能的评价研究，有利于进一步明确湿地土壤定义及湿地土壤在湿地中的重要地位，同时也能够丰富和完善湿地科学的理论体系。除了上述功能，湿地还有助于控制洪水和防止海岸线侵蚀；它还可以充当碳汇，有助于控制全球变暖；湿地为人类提供了多种可食用的鱼类和贝类。虽然湿地有这些好处，但如果我们不注意保护，湿地及其土壤非常容易被开发破坏，受到污染的威胁。

我们采用了土组、土种、变种三级分类制土壤分类系统，对湖北省赤壁市黄盖湖湿地的土壤类型进行了调查。该地区及周边土壤划分为 5 个土类、12 个亚类、34 个土属、57 个土种。

黄盖湖湿地主要土壤类型及其特征如下：

## 1.6.1 沼泽土和湖相沉积土

沼泽土和湖相沉积土也统称为湿地土壤或"水成土"，是指"在水分饱和状态下形成的，在生长季有足够长的淹水时间使其上部能够形成厌氧条件的土壤"。现在的美国农业部自然资源保护联盟（NRCS）将湿地土壤划分为矿质土和有机土两类。我国科学家将湿地土壤划分为沼泽土和泥炭土两类。湿地土壤是水成土，意味着它们不断饱和，这些土壤的特性是由它们的有机质百分比确定的。湿地环境的特点是通常被水浸透或淹没的土地区域才有条件创造一个独特的景观和生态系统，只有在这些环境中才能找到植物和动物。水成土在足够长的时间内饱和或淹水，从而形成有氧或无氧的环境，在枯死和腐烂的植物物质淹没饱和时，或者在淹水区域通常会发生这些情况，有助于防止土壤氧化。有机湿地土壤与矿物湿地土壤不同，因为有机湿地土壤含有 20% 以上的有机物，这种类型的土壤被称为泥炭，有机土壤湿地也被称为泥炭地。泥炭土是在饱和、有氧的环境中，由一层层枯死或腐烂的植物物质积存数千年而形成的湿地土壤，其土壤特征以松软湿润为主。

黄盖湖湿地的沼泽土顶层为植物根系层，一般厚 10~30 cm。在长年浸水或土壤饱水状态下，沼泽土表层生长着各种根系发达的湿生或水生植物，如低矮的灌木、苔藓等；中层为黑色、灰黑色黏土，土壤致密，呈硬塑状，厚 20~50 cm 及以上；底层为潜育层，为黄色、黄褐色的亚黏土、黏土，厚度不详。

## 1.6.2  红壤或红黄壤

红壤土类是在中亚热带生物气候条件下形成的土壤，为棕色、棕黄色或棕红色亚黏土，呈可塑、硬塑状，含水量为 30%~40%。该类土壤主要分布于黄盖湖湿地周边及湿地内丘陵、缓坡、垄岗等地势较高处，成土母质为不纯碳酸盐岩和碎屑岩。淋溶作用（富铝化过程）导致土壤中可溶性物质流失，铁铝物质富集，使土壤颜色呈红色，土壤化学性质为酸性（pH 值一般为 5.8~6.0）。

## 1.6.3  水稻土

水稻土类是受人为活动影响较大的土壤，在人为耕种、施肥、灌溉等措施的影响下，长期水耕氧化还原交替，使土壤剖面发生明显分异。

图 1-31~图 1-33 为我们拍摄的黄盖湖的沼泽滩涂。

图1-31 黄盖湖沼泽滩涂（一）

图 1-32 黄盖湖沼泽滩涂（二）

图 1-33 黄盖湖沼泽滩涂（三）

# 2

# 植物多样性调查

## 2.1　浮游植物

### 2.1.1　采样方法

水生生物调查方法主要有定性标本采集和定量标本采集两种，依据《淡水浮游生物研究方法》《内陆水域渔业自然资源调查手册》，同时参照《水环境监测规范》SL219-98 进行。

定性标本采集：小型浮游生物用 25 号浮游生物网，大型浮游生物用 13 号浮游生物网，在水体表层至 0.5 m 深处以 20~30 cm/s 的速度作"∞"形循回缓慢拖动 1~3 min，或在水中沿表层托动并虑出 1.5~5.0 m³的水。

定量标本采集：小型浮游生物用有机玻璃采水器分别于水体表层 0.5 m 水深处取水样 1 L。大型浮游生物因数量稀少，每个采样点各采水样 10 L，用 25 号浮游生物网过滤，收集水样装入玻璃瓶中。

采集的水样要进行标准处理和标本鉴定。

标本处理：水样采集之后，立即加固定液固定。对藻类、原生动物和轮虫水样，每升加入 15 ml 左右的鲁哥氏液固定；对枝角类和桡足类水样，按 100 ml 水样加 4~5 ml 福尔马林固定。固定后，样品带回实验室保存。

从野外采集并经固定的水样，带回实验室后必须进一步浓缩，1 000 ml 的水样直接静止沉淀 24 小时后，用虹吸管小心抽调出上清液，余下 20~25 ml 沉淀物转入 30 ml 的容量瓶中。

标本鉴定。定性标本：在显微镜下，用目镜测微尺测量大小，根据其大小、形态、内含物参照藻类分类标准（胡鸿钧等的《中国淡水藻类——系统、分类及生态》）定出属种，一般确定到属。定量标本：一般采用 0.1 ml 计数框，在 10×40 高倍显微镜下分格斜线扫描计数。具体操作如下：用 0.1 ml 定量吸管吸取摇匀后的样品液，放 0.1 ml 浮游生物于计数框中在显微镜下计数，并参照章宗涉等的《淡水浮游生物研究方法》统计到种的细胞数，然后换算成每升含量。

室内先将样品定量为 30 ml，摇匀后吸取 0.1 ml 样品置于 0.1 ml 计数框内，在显微镜下按视野法计数，数量特别少时全片计数，每个样品计数 2 次，取其平均值，每次计数结果与平均值之差应在 15% 以内，否则增加计数次数。

每升水样中浮游植物数量的计算公式如下：

$$N = \frac{C_S}{F_S \times F_n} \times \frac{V}{v} \times P_n$$

式中：$N$ —— 一升水样中浮游植物的数量（ind./L）；

$C_S$—— 计数框的面积（mm²）；

$F_S$—— 视野面积（mm²）；

$F_n$—— 每片计数过的视野数；

$V$ —— 一升水样经浓缩后的体积（ml）；

$v$ —— 计数框的容积（ml）；

$P_n$—— 计数所得个数（ind.）。

浮游植物生物量的计算采用体积换算法。根据浮游植物的体形，按最近似的几何形状测量其体积，形状特殊的种类分解为几个部分测量，然后结果相加。

## 2.1.2  研究结果

### 2.1.2.1  物种多样性

浮游植物（藻类）是湖泊水体的主要初级生产者，它们处于水生生态系统食物链的底端，是滤食性鱼类和一些水生动物的天然饵料。浮游植物的种类、数量与整个水体的生产力直接相关，但藻类数量的无限增多会导致藻类"水华"的产生，使水体趋于富营养化，从而导致水环境质量下降。

通过对采集样品的室内鉴定，各采样点常见藻类有直连藻（*Melosira* sp.）、针杆藻（*Synedra* sp.）、脆杆藻（*Fragilaria* sp.）。4个采样点共检出浮游藻类植物6门51种（属）（见附录F）。其中硅藻门种类最多，为22种（属），占藻类总数的43.37%；绿藻门14种，占27.45%；蓝藻门11种，占21.57%；裸藻门2种，占3.92%；金藻门1种，占1.96%；甲藻门1种，占1.96%。各门藻类种类数及所占比例见表2-1。

表2-1　各门藻类种类数及所占比例

| 分类 | 硅藻门 | 绿藻门 | 蓝藻门 | 裸藻门 | 金藻门 | 甲藻门 | 总计 |
|---|---|---|---|---|---|---|---|
| 种类数 | 22 | 14 | 11 | 2 | 1 | 1 | 51 |
| 比例/% | 43.37 | 27.45 | 21.57 | 3.92 | 1.96 | 1.96 | 100 |

#### 2.1.2.2　密度和生物量

各采样点藻类的密度和生物量见表2-2。各采样点平均密度为199.91×10⁴ind./L，其中硅藻平均密度为37.43×10⁴ind./L，占总密度的18.72%；蓝藻平均密度为122.88×10⁴ind./L，占总密度的61.47%；绿藻平均密度为35.05×10⁴ind./L，占总密度的17.53%。各采样点平均生物量为3.97 mg/L，其中硅藻为0.57 mg/L，占总生物量的14.23%；蓝藻为2.175 mg/L，占总生物量的54.79%；绿藻为1.167 5 mg/L，占总生物量的29.41%。

表2-2　各采样点浮游植物密度（$\times 10^4$ind./L）和生物量（mg/L）

| 类群 | 硅藻 | | 蓝藻 | | 绿藻 | | 其他 | | 总计 | |
|---|---|---|---|---|---|---|---|---|---|---|
| 采样点 | 密度 | 生物量 | 密度 | 生物量 | 密度 | 生物量 | 密度 | 生物量 | 密度 | 生物量 |
| 东港湖 | 12.3 | 0.19 | 80.6 | 0.95 | 38.8 | 0.55 | 0.94 | 0.01 | 132.64 | 1.7 |
| 黄盖咀 | 28.7 | 0.65 | 130.2 | 3.41 | 49.6 | 3.44 | 9.3 | 0.12 | 217.8 | 7.62 |
| 苦肉咀 | 63.2 | 0.77 | 137.5 | 2.15 | 22.5 | 0.31 | 2.5 | 0.05 | 225.7 | 3.28 |
| 大堤 | 45.5 | 0.65 | 143.2 | 2.19 | 29.3 | 0.37 | 5.5 | 0.07 | 223.5 | 3.28 |
| 平均 | 37.43 | 0.57 | 122.88 | 2.175 | 35.05 | 1.167 5 | 4.56 | 0.062 5 | 199.91 | 3.97 |
| 占比/% | 18.72 | 14.23 | 61.47 | 54.79 | 17.53 | 29.41 | 2.28 | 1.57 | 100 | 100 |

## 2.2 维管束植物

### 2.2.1 调查方法

#### 2.2.1.1 资料收集法

我们采取查阅数据库、走访标本馆等方式，获取现有的能反映生态现状或生态背景的资料。例如，从区域地方相关主管部门（主要包括农业、林业及环境保护部门）获得情况，查阅各大学术数据库，如中国知网（CNKI）、中国植物图像库（PPBC）、中国植物志（FOC）、中国国家标本资源平台（NSII）等大型网络共享数据库到走访标本馆来收集调查区域内的植物资源信息，从而调研集成该区域的相关研究成果。

#### 2.2.1.2 样线法

根据调查区域的地形、地势特点，结合卫星遥感图片、地形图、林相图等资料，确定调查点。在调查时采取随机抽样方法调查植物群落状况。我们力求这些调查点和调查线路能基本代表调查区的所有生境，确保调查数据和采集标本的真实可靠。

样线的设置采取典型抽样法，调查时3人一组沿样线观察前进，在样线上记录植物种类、数量、生长海拔、生境等相关信息，对国家重点保护、珍稀濒危、特有物种应用北斗定位设备获取经纬度信息。水平样线的线路调查内容包括记录河流沿岸的植被类型和人为干扰现状，记录形式有现场调查、咨询、数码拍摄等。同时我们通过沿线踏勘选择合适的垂直样线，并为样地调查提供参考；根据选定的垂直样线，顺着山坡垂直向上，直至调查范围边界，沿线记录物种分布及植被类型的变化，同时选择典型的群落样地，进行样地调查。

#### 2.2.1.3 样方法

样方法主要采用十字分割样方法和分层统计法。我们将样地平分成四个象限，对乔木层、灌木层、草本层及层间植物，逐一进行调查记录。其中，群落的乔木层主要由样地中高度等于或大于5 m的直立木本植株组成，高度小于5 m的木本植物构成群落的灌木层，群落中的草本植物则统一为草本层，藤本植物和附生植物按照层间植物进行统计。我们对样方资料进行整理，分析不同植被类型的群落结构、种类组成、多样性特征和群落动态等。

样方调查内容包括：样方主要影响源与受影响程度，样方的地理位置，坡形、坡度、坡向；土壤类型、植被大生境特征等；群落命名，群落外貌特征和郁闭度；乔木层植物的每木调查，分别记录乔木植株的种名、树高、胸围和冠幅；灌木层记录灌木的种名、高度、盖度和株数；草本植物和层间植物记录其种名、高度和分布均匀度等。

陆生植物群落调查样方的形状通常为正方形，其大小通常使用最小面积法来确定。一般情况下，已知样方最小面积的经验值分别是：草本植物群落1~10平方米；灌丛16~100平方米；单纯针叶林100平方米（10×10）；针阔混交林、夏绿落叶阔叶林500平方米（20×25）；亚热带常绿阔叶林1 000~2 000平方米；荒漠128~256平方米；沙漠512平方米。样方面积不小于监测区域植物群落的最小面积。确定最小面积的常用方法是"种-面积曲线法"：逐渐扩大取样面积，样方中出现的物种数也会随着取样面积的扩大而快速增加，当取样面积扩大到一定程度时，样方内物种数的新增趋势逐渐趋于平缓。通常情况下，当样方面积扩大10%而物种数增加不超过10%时的面积可以作为最小样方面积。

## 2.2.2 植物区系

### 2.2.2.1 种科分布特点

黄盖湖湿地各科所分布的种数可以分为五个等级来统计（见表2-3）。从表2-3中可见各科分布种数的特征是：既表现出分散的特点，也有相对集中的特征，超过80%的科在该地只有5个种以下，种的分布相对而言较为分散；但另一方面菊科、莎草科、禾本科3个大科拥有约1/4的种，菊科有38种，莎草科有34种，禾本科54种，说明种在科内较为集中。

表2-3 黄盖湖湿地高等植物各科分布种的统计

| 种科分布 | 科数 | 占科的百分比/% | 种数 | 占种数百分比/% |
|---|---|---|---|---|
| 1~5种 | 110 | 80.88 | 229 | 38.49 |
| 6~10种 | 15 | 11.03 | 108 | 18.15 |
| 11~20种 | 6 | 4.41 | 85 | 14.29 |
| 21~30种 | 2 | 1.47 | 47 | 7.90 |
| 31种及以上 | 3 | 2.21 | 126 | 21.18 |
| 合计 | 136 | 100 | 595 | 100 |

#### 2.2.2.2　科的分布型

科的分布型是分析植物区系起源以及各区系之间关系的主要依据之一。科的分布型统计依据的是 2003 年吴征镒教授在《云南植物研究》发表的《世界种子植物科的分布区类型系统》论文中关于科的分布型来确定的（见表 2-4）。由表 2-4 可知，世界性分布占优势，有 45 科，占总科数的 40.18%。世界性分布在一个地区区系，分析意义不大，但湿地植物区系上所占比例大，反映了湿地植物成分的广布性特征。同时世界性分布科有两大特点：一是以水生植物和沼泽植物为主的科有 22 科，这些科大多为世界广泛分布，如金鱼藻科（Ceratophyllaceae）、睡莲科（Nymphaeaceae）、菱科（Hydrocaryaceae）、睡菜科（Menyanthaceae）、狸藻科（Lentibulariaceae）、水鳖科（Hydrocharitaceae）、泽泻科（Alismataceae）、眼子菜科（Poyamogetonaceae）、浮萍科（Lemnaceae）等。二是菊科（Compositae）、莎草科（Cyperaceae）、禾本科（Gramineae），这三个大科分布的种类不但多，而且许多种为群落的优势植物，如苔草属有 7 种以上，其中 4 种为常见的优势种。禾本科中有 11 种以上为优势种，菊科中的许多种为洲滩荒地过渡性群落的优势种。除世界性分布外，该地主要分布类型为：泛热带分布型，有 39 个科；热带亚洲和热带美洲间断分布型，有 5 个科。这两类热带性科占总科数的 39.28%。北温带分布型有 16 个科，占比为 14.29%，东亚和北美洲间断分布型 4 个科，占比为 3.57%，其余各地理的分布单元的分布数量较少。

表 2-4　黄盖湖湿地种子植物分布型统计

| 序号 | 分布型 | 科数量 | 占总科数百分比/% |
|---|---|---|---|
| 1 | 世界性分布 | 45 | 40.18 |
| 2 | 泛热带分布 | 39 | 34.82 |
| 3 | 热带亚洲和热带美洲间断分布 | 5 | 4.46 |
| 4 | 旧世界热带分布 | | |
| 5 | 热带亚洲至热带大洋洲分布 | | |
| 6 | 热带亚洲至热带非洲分布 | | |
| 7 | 热带亚洲分布 | 1 | 0.89 |
| 8 | 北温带分布 | 16 | 14.29 |

表2-4（续）

| 序号 | 分布型 | 科数量 | 占总科数百分比/% |
|------|--------|--------|------------------|
| 9 | 东亚和北美洲间断分布 | 4 | 3.57 |
| 10 | 旧世界温带分布 | 1 | 0.89 |
| 11 | 温带亚洲分布 | | |
| 12 | 地中海区、西亚至中亚分布 | | |
| 13 | 中亚分布 | | |
| 14 | 东亚分布 | | |
| 15 | 中国特有分布 | 1 | 0.89 |
| 16 | 总计 | 112 | 100 |

### 2.2.2.3 属的分析

在区系分析上，一般以"属"作为划分植物区系地区的标志或依据。由表2-5可见，世界性分布有62属，占总属数的15.90%。广布属中很大一部分是水生植物，如茨藻属、眼子菜属、金鱼藻属、水烛属等；还有相当一部分是喜湿性的沼泽植物，如芦苇属、苔草属、莎草属、藨草属等。中生性植物中的广布属主要是广布性科中较大的属，如早熟禾属、蓼属、悬钩子属、马唐属等。热带性分布属（表2-5的序号2~7）共有159属，占总属数的40.78%；温带性分布属（表2-5的序号8~14）162属，占总数的41.54%。热带性分布最多的是泛热带分布，有93属，占总属数的23.85%，如雀稗属、铁苋菜属、苘麻属、泽兰属、母草属、狗尾草属等；其次是旧世界热带分布有18属，占总属数的4.62%，如鸭舌草属、乌蔹莓属、石龙尾属、水竹叶属等；热带亚洲至热带大洋洲分布有15属，如葛藤属、蛇莓属、构树属、芋属等。热带亚洲和热带美洲间断分布有7属。以上分布型说明黄盖湖湖泊湿地植物分布型具有较强的多样性和复杂性。温带性分布型中以北温带分布型最多，有56属，占总属数的14.36%。比较常见的有：蔷薇属、葡萄属、茴草属、藜草属、紫堇属、委陵菜属等。东亚和北美间断分布有31属，旧世界温带分布有23属，如菱属、苜蓿属、菊属、益母草属、鹅观草属等；东亚分布有49属；地中海区、西亚至中亚分布仅1属，无中亚分布型。中国特有分布有7属，均为引种栽培属。从上述分布型可看出：黄盖湖湿地植物热带性分布属与温带性分布属接近，其中泛热带分布和世界性分布是优势分布型，温带分布中以北温带分布较多，这与黄盖湖地处亚热带向暖温带的过渡地带的空间地理位置有关。

表 2-5　黄盖湖湿地维管束植物分布型统计

| 序号 | 分布型 | 属的数量 | 占总属数的百分比/% |
|---|---|---|---|
| 1 | 世界性分布 | 62 | 15.90 |
| 2 | 泛热带分布 | 93 | 23.85 |
| 3 | 热带亚洲和热带美洲间断分布 | 7 | 1.79 |
| 4 | 旧世界热带分布 | 18 | 4.62 |
| 5 | 热带亚洲至热带大洋洲分布 | 15 | 3.85 |
| 6 | 热带亚洲至热带非洲分布 | 11 | 2.82 |
| 7 | 热带亚洲分布 | 15 | 3.85 |
| 8 | 北温带分布 | 56 | 14.36 |
| 9 | 东亚和北美洲间断分布 | 31 | 7.95 |
| 10 | 旧世界温带分布 | 23 | 5.90 |
| 11 | 温带亚洲分布 | 2 | 0.51 |
| 12 | 地中海区、西亚至中亚分布 | 1 | 0.26 |
| 13 | 中亚分布 | 0 | 0.00 |
| 14 | 东亚分布 | 49 | 12.56 |
| 15 | 中国特有分布 | 7 | 1.79 |
| 16 | 总计 | 390 | 100 |

## 2.2.3　维管束植物组成

2021 年 9 月至 2022 年 8 月，中南民族大学与湖北生态工程职业技术学院技术人员一道对湿地内的生物多样性现状进行了调查。调查范围为湖北省黄盖湖湿地沿岸带、大堤、洲滩、水塘等代表性生境；调查重点主要是对生长在地表过湿、常年淹水或季节性淹水环境中的湿地植物以及湿地鸟类栖息地进行考察。同时，对水鸟栖息地——水域周边的植被进行了调查。

野生植物调查范围为黄盖湖自然保护区内的水域、内湖、洲滩、池塘、堤岸、丘岗等地，所以包含的植物种类除湿地植物外，还有相当部分陆生植物（中生、旱中生性植物）。调查主要统计自然分布种，常见的木本植物栽培种也被列入。黄盖湖自然保护区现已记录维管束植物136科、390属、595种。其中蕨类植物15科18属24种；裸子植物5科10属10种；被子植物116科362属561种，被子植物中双子叶植物96科277属416种，单子叶植物20科85属145种（见表2-6）。

表2-6　黄盖湖维管束植物类群组成

| 类别 | 科 | 属 | 种 | 占总种数百分比/% |
|---|---|---|---|---|
| 一、蕨类植物 | 15 | 18 | 24 | 4.03 |
| 二、裸子植物 | 5 | 10 | 10 | 1.68 |
| 三、被子植物 | 116 | 362 | 561 | 94.29 |
| （一）双子叶植物 | 96 | 277 | 416 | 69.92 |
| （二）单子叶植物 | 20 | 85 | 145 | 24.37 |
| 合计 | 136 | 390 | 595 | 100 |

黄盖湖高等植物中草本植物和木本植物的比例约为7∶3，其中草本植物的数量占绝对优势。草本植物中的中生性植物占植物总数的41.7%，湿生植物约占20%，水生植物占8.8%。中生性植物多的原因是湿地周边的丘岗植物也统计在内了。

图2-1为我们拍摄的黄盖湖草甸的实景图。黄盖湖主要代表性维管束植物种类详见图2-2~图2-36。

图2-1 黄盖湖湖草甸

图 2-2　南荻（一）

图 2-3　南荻（二）

图 2-4 南荻（三）

图 2-5 白茅（一）

图2-6　白茅（二）

图2-7　马唐（一）

图2-8 马唐（二）

图 2-9　苦苣菜（一）

图 2-10　苦苣菜（二）

图 2-11　苦苣菜（三）

图 2-12　狗牙根（一）

图 2-13　狗牙根（二）

图 2-14　艾蒿（一）

图 2-15　艾蒿（二）

图 2-16　刺儿菜（一）

图 2-17　刺儿菜（二）

图 2-18　水葫芦——凤眼莲（一）

图 2-19　水葫芦——凤眼莲（二）

图 2-20 水葫芦——凤眼莲（三）

图 2-21 芡实（一）

图 2-22　芡实（二）

图 2-23　野菱（一）

图 2-24　野菱（二）

图 2-25　野蔷薇（一）

图 2-26 野蔷薇（二）

图 2-27 野蔷薇（三）

图 2-28　一年蓬（一）

图 2-29　一年蓬（二）

图 2-30　紫花地丁（一）

图 2-31　紫花地丁（二）

图 2-32　愉悦蓼（一）

图 2-33　愉悦蓼（二）

图 2-34　蓼子草（一）

图 2-35　蓼子草（二）

图 2-36　满江红

## 2.3　植被类型

### 2.3.1　植被类型总述

我国湿地植被的分类基本上是根据《中国植被》中关于植被分类的原则进行的。1999 年，中国湿地植被编辑委员会编著的《中国湿地植被》根据《中国植被》中的分类原则，将我国湿地植被划分为 5 个植被型组、9 个植被型、7 个植被亚型、50 个群系组、140 个群系、若干个群丛。在《中国湿地植被》的区划中，黄盖湖湿地属于我国湿地的"华北平原、长江中游和下游平原草丛沼泽和浅水植物湿地区"中的"长江中游和下游平原浅水植物湿地亚区"。

根据上述分类原则，即植物群落学—植物生态学原则，结合黄盖湖实际情况，我们将该处植被划分为两类：一类为湿地植被，又分 3 个植被型组，37 个群系，即草甸型组 15 个群系，沼泽型组 8 个群系，水生植物组 14 个群系；另一类为湿地边缘的丘岗坡地植被，又分为 2 种类型，6 个群系。

2.3.1.1　湿地植被类型

（一）草甸型组

（1）苔草草甸。

①垂穗苔草群系（*Carex dimorpholepis* formation）。

②短尖苔草群系（*Carex brevicuspis* formation）。

（2）禾草草甸。

③南荻群系（*Miscanthus lutarioriparia* formation）。

④双穗雀稗群系（*Paspulum paspaloides* formation）。

⑤狗牙根群系（*Cynodon dactylon* formation）。

⑥棒头草群系（*Polypogon fugax* formation）。

⑦茵草群系（*Bekmannia syzigachne* formation）。

⑧虉草群系（*Phalaris arundinacea* formation）。

⑨鹅观草群系（*Elymus kamoji* formation）。

（3）杂类草草甸。

⑩蒌蒿群系（*Artemisia selengensis* formation）。

⑪茵陈蒿群系（*Artemisia capillaries* formation）。

⑫小白酒草群系（*Erigeron canadensis* formation）。

⑬天兰苜蓿群系（*Medicago lupulina* formation）。

⑭益母草群系（*Leonurus japonicus* formation）。

⑮球果蔊菜群系（*Rorippa globosa* formation）。

（二）沼泽型组

（1）莎草类沼泽

⑯弯囊苔草群系（*Carex dispalata* formation）。

⑰少花荸荠群系（*Eleocharis pauciflota* formation）。

（2）禾草类沼泽。

⑱菱笋群系（*Zizania caduciflora* formation）

⑲芦苇群系（*Phragmites communis* formation）。

（3）杂类草沼泽。

⑳菖蒲群系（*Acorus calamus* formation）。

㉑香蒲群系（*Typha* spp. formation）。

㉒灯芯草群系（*Juncus* spp. formation）。

㉓水蓼群系（*Polygonum hydropiper* formation）。

（三）水生植物型组

（1）沉水植物类。

㉔菹草群系（*Potamogeton crispus* foramtion）。

㉕黑藻群系（*Hydrilla verticillata* formation）。

㉖苦草群系（*Vallisneria natans* formation）。

㉗金鱼藻群系（*Ceratophyllum demersum* formation）。

㉘穗状狐尾藻群系（*Myriophyllum spicatum* formation）。

（2）漂浮植物类。

㉙浮萍、紫萍群系（*Lemnaminor*，*Spirodela polyrrhiza* formation）。

㉚满江红群系（*Azolla imbricata* formation）。

㉛凤眼莲群系（*Eichhornia crassipes* formation）。

（3）浮叶植物类。

㉜眼子菜群系（*Potamogeton distinctus* formation）。

㉝荇菜群系（*Nymphoides peltatum* formation）。

㉞水皮莲群系（*Nymphoides cristatum* formation）

㉟莲群系（*Nelumbo nucifera* formation）。

㊱菱群系（*Trapa bispinosa* formation）。

㊲芡实群系（*Euryale ferox* formation）。

### 2.3.1.2 丘岗波地植被类型

（一）针叶林

（1）马尾松林（*Pinus massoniana* forest）。

（2）湿地松林（*Pinus elliottii* forest）。

（二）针、阔叶混交林

（3）马尾松、樟树林（*Pinus massoniana* & *Cinnamomum camphora* forest）。

（4）马尾松、杉、樟树林（*Pinus massoniana*、*Cunning hamialanceolata*、*Cinnamomum camphora* forest）。

（三）竹林

（5）毛竹林（*Phyllostachys heterocycla* cv. *pubescens* forest）。

（四）灌丛

（6）檵木、山胡椒、牡荆灌丛（*Loropetalum chinense*、*Lindera glauca*、*Vitex negundo* var. *cannabifolia* shrub）。

## 2.3.2 植被类型分述

### 2.3.2.1 草甸型

草甸是一种由中生型或湿生性草本植物组成的群落类型。所谓中生型植物，是指生长在水湿条件适中的立地条件上的植物，可分为湿中生、真中生和旱中生等类型。草甸又可分为大陆草甸、河漫滩草甸以及山地草甸。此处所述为河漫滩草甸，又称淹水草甸，其立地由河流沉积而成，或为防洪而修建的堤坝、高滩，有时被水淹，使得土壤湿润，土层深厚肥沃，土壤一般为潮土，通气性较差，泥炭层不明显。草甸建群种一般为根茎类草本植物，主要植物种类有禾草、苔草、蒿草类，以湿中生和真中生为主，还有部分湿生植物。

草甸植被的主要类型有：

（1）苔草草甸。

①垂穗苔草群系（*Carex dimorpholepis* formation）。

垂穗苔草是群体生长或零星分布的，呈叶条形，花序下垂，可作观赏植物，多分布于河堤下部、水边陆地以及荒田中，生长较密且茂盛。其生长的土壤一般呈湿润或渍水状态。群落外貌为浅绿色，为丛状生长，盖度80%左右。混生种有棒头草、碎米莎草、水田碎米荠、菵草、水芹、水蓼等。本地的黄盖咀、白杨冲较多。

②短尖苔草群系（*Carex brevicuspis* formation）。

短尖苔草生长较密集，叶片较窄，春季一片翠绿，分布于洲滩较高处和堤坡下部以及水沟旁。其生长的土壤湿润肥沃，pH 值为 6~7.5。群落外貌为深绿色，盖度 90%左右，平均高度 60cm。混生种有弯囊苔草、垂穗苔草、水蓼、棒头草、藨草、泥胡菜、一年蓬、双穗雀稗、羊蹄、蒌蒿等。鸦雀嘴洲滩有成片的短尖苔草生长。

（2）禾草草甸。

③南荻群系（*Miscanthus lutarioriparia* formation）。

南荻高可达 4m 以上，叶片中脉明显，为重要的造纸原料，分布于洲滩和水沟、河、渠两侧。黄盖湖湿地有小面积分布。群落盖度 80%以上，常混生有芦苇，下层有蒌蒿、水蓼、水芹、棒头草、苔草、双穗雀稗等。

④双穗雀稗群系（*Paspalum paspaloides* formation）。

双穗雀稗为匍地蔓生性草本，在陆地生长，可伸展到水面；分布于堤坡、洲滩、田埂、道路旁，土壤多为潮土，pH 值为 6.5～7.0；群落外貌为深绿色，盖度 90% 以上，呈"绿毯"式。混生种类有狗牙根、早熟禾、看麦娘、紫云英、荔枝草、泥胡菜、蒌蒿、一年蓬等。黄盖湖堤岸边分布较多。

⑤狗牙根群系（*Cynodon dactylon* formation）。

狗牙根适应性很强，在较干旱或较湿润处均能生长。狗牙根在黄盖湖湿地多生长于堤岸、道路旁和洲滩较高处，有成片的分布；群落外貌为浓绿色，开花时为灰绿色；盖度 90% 以上，匍地生长，呈"绿毯"式。混生种常有双穗雀稗、艾蒿、一年蓬、升马唐、荔枝草、飞廉、鹅观草等。

⑥棒头草群系（*Polypogon fugax* formation）。

棒头草是季节性草本（春夏型），早春发苗，春季繁茂生长、开花、结实、夏季枯萎；多分布于堤坡的下部、荒田、荒土以及洲滩高地，其生长的土壤湿润，常有水浸；群落外貌春季为绿色，夏初（5 月份）为灰绿或紫色，夏季为黄色；盖度 70%～80%，与其混生的种有茵草、稗、小旋花、齿果酸模、尼泊尔老鹳草、看麦娘、鹅观草等。

⑦茵草群系（*Bekmannia syzigachne* formation）。

茵草亦为季节性草本（春夏型）；多分布于洲滩高地、水沟两侧、荒田，其生长的土壤湿润肥沃；群落外貌在 3～4 月份为绿色，5 月初开花为浅绿色，5 月中、下旬果实成熟为黄色，在阴湿处的群落夏季仍为浅绿色。混生种有棒头草、蔺草、紫云英、小旋花、碎米荠、水蓼等。

⑧虉草群系（*Phalaris arundinacea* formation）。

虉草喜生于从渍水区过渡到陆地之间的湿润地段，因此多分布于洲滩、溪、沟、塘的边缘，常可伸到水面生长，分布面积较大。叶家桥垸、鸦雀嘴、小星村岛等有成片生长，盖度 80% 以上，平均高度 1m 左右。混生种有短尖苔草、蒌蒿、益母草、假稻、牛鞭草、南荻等。

⑨鹅观草群系（*Elymus kamoji* formation）。

鹅观草为季节性草本（春夏型），分布于洲滩较高处、堤坡、路旁等地，以其为优势的群落多生长在堤岸；春季茂盛生长，夏季枯萎。伴生有狗尾草、蒌蒿、飞蓬、苔草等。

（3）杂类草草甸。

⑩蒌蒿群系（*Artemisia selengensis* formation）。

蒌蒿，当地名藜蒿，多年生草本，其嫩叶、嫩茎是美味菜肴，成群分布于该地的洲滩、荒地、路旁，面积较大；其生长的土壤均深厚肥沃；群落盖度一般为60%~70%，高度为50~70cm。混生种有水蓼、羊蹄、棒头草、茵草、藨草、尼泊尔老鹳草、苔草、碎米荠等。萎蒿在鸦雀嘴洲滩、小星村岛成群生长。

⑪茵陈蒿群系（*Artemisia capillaries* formation）。

茵陈蒿是一年或二年草本，是著名的药用植物，在黄盖湖湿地的荒土和堤坡大量生长。混生种有野艾蒿、一年蓬、水蓼、狗牙根、窃衣、刺儿菜等。

⑫小白酒草群系（*Erigeron canadensis* formation）。

小白酒草又名加拿大飞蓬，是外来入侵植物。黄盖湖湿地的堤岸、荒地上成片生长，高1m以上，盖度80%以上，是人们非常厌恶的植物，很难消除。

⑬天兰苜蓿群系（*Medicago lupulina* formation）。

天兰苜蓿为一年生草本，可作牧草和绿肥，多分布于路旁、堤坡、洲滩较高处，呈小块状群集生长。群落盖度80%以上，外貌初为绿色，开花时为黄绿色，6月份果实成熟。混生种有狗牙根、双穗雀稗、茵草、棒头草、益母草、水蓼、一年蓬等。此处河堤旁多见。

⑭益母草群系（*Leonurus japonicus* formation）。

益母草在该处分布很广，成群的分布于屋旁和较高的荒地。群落高1m以上，盖度80%左右，外貌为绿色。混生有尼泊尔老鹳草、球果蔊菜、荔枝草、飞廉、一年蓬、乌敛莓、鸡屎藤等。

⑮球果蔊菜群系（*Rorippa globosa* formation）。

球果蔊菜为季节性草本（春夏型），早春萌发，4~5月份生长茂盛，开黄色花，至盛夏结实枯萎。该种分布较广，常混生于其他群落之中，在堤坡和洲滩有时也成群生长。同德垸堤岸有群落，常与一年蓬、鹅观草、短尖苔草等混生。

### 2.3.2.2 沼泽型组

此处沼泽是指水湿地区。水湿地区的特点为地下水位高，常有水浸，土壤为沼泽土，渍水，空气少，适宜于湿生植物生长。这类地段多分布于河湖边缘、洲滩中的低地、渍水荒田等处。

（1）莎草类沼泽。

莎草类沼泽以莎草科植物为优势种的群落。

⑯弯囊苔草群系（*Carex dispalata* formation）。

弯囊苔草常群集生长，叶片条状披针形，生长茂盛。多分布于溪沟、河、湖、水塘边缘浅水处，水深 20~60cm。土壤为沼泽土，pH 值为 5.5~7.0，群落外貌整齐深绿色，高度 60~100cm，盖度 80% 左右。与其混生的种有蘸草、水蓼、藕草、双穗雀稗、假稻、水芹、野灯芯草等。鸦雀嘴滩地有成群生长。

⑰刚毛荸荠群系（*Eleocharis valleculosa* formation）。

刚毛荸荠秆单生或丛生，分布于浅水洲滩、荒田、水域边缘，土壤常年浸水，为沼泽土；群落外貌整齐浓绿；盖度 70%~80%，高度 30~80cm。伴生种有弯囊苔草、蘸草、水苦荬、节节草、金鱼藻、菹草、荇菜等。该处的洲滩水湿地多生长。

（2）禾草类沼泽。

禾草类沼泽以禾本科植物为优势种的群落。

⑱茭笋群系（*Zizania caduciflora* formation）。

茭笋又称茭白、茭瓜，其茎受菌类刺激而膨大的部分可食用。该种分布最多，生长于河滩浅水和池塘中；外貌为绿色且生长茂密；盖度 90% 以上，高 1m 以上。其组成较单纯，水中有金鱼藻、黑藻、菹草等。

⑲芦苇群系（*Phragmites communis* formation）。

芦苇在此处没有大面积分布，在部分河滩、堤岸边有成片生长；比南荻更耐水湿，多与南荻混生；高度为 2~3m，盖度 80% 以上，常有鸡矢藤缠绕；为优良的造纸原料。

（3）杂类沼泽。

⑳菖蒲群系（*Acorus calamus* formation）。

菖蒲成群生长，分布于浅水塘和洲滩浅水中；外貌为浓绿色，盖度 90% 以上，高度 1m 以上。其组成较单纯，群落下部水中常有菹草、茨藻、金鱼藻、空心莲子草等。

㉑香蒲群系（*Typha* spp. formation）。

香蒲，又名毛蜡烛，在该处的水塘、浅水湖泊、荒芜水田中生长较多。一般盖度 70%，高度 2~3m，群集生长，生长环境的水深为 0.2~1m。该种可作切花材料。

㉒灯芯草群系（*Juncus* spp. formation）。

该处灯芯草属（*Juncus*）有四个种，均有群落生长，最多的是野灯芯草

（*Juncus setchuensis*）群落，生长于水田、洲滩低洼处、水沟边。群落外貌为浓绿色，整齐，盖度为70%～80%，高度为0.2～0.5m。

㉓水蓼群系（*Polygonum hydropiper* formation）。

此处成片生长的蓼有三个种，即水蓼（*Polygonumhydropiper*）、酸模叶蓼（*Polygonumlapathifolium*）、光叶蓼（*Polygonumglabrum*），其中以水蓼为多，在黄盖湖湿地到处可见，洲滩、河堤、水沟边成片生长。其季相明显，夏季绿色或紫绿色，秋季开花，花的颜色有红色、淡红、白色，色彩缤纷，非常壮观。

### 2.3.2.3 水生植物型组

水生植物是指常年生活在水环境中的植物。

（1）沉水植物类。

沉水植物是指根生长于水下土壤，茎叶在水下生长的植物。

㉔菹草群系（*Potamogeton crispus* foramtion）。

菹草群系是较常见的沉水草本，遍布于沟渠和洲滩的水域中，生长茂盛。群落盖度90%以上，水深0.5～3m。菹草为优势的群落，常伴生种有金鱼藻、黑藻、眼子菜、荇菜等。

㉕黑藻群系（*Hydrilla verticillata* formation）。

黑藻是该处最多的一类沉水草本，多生长于池塘、湖泊中，成群生长或混生于其他群落之中；一般盖度为80%，水深为0.5～1m，伴生种有金鱼藻、篦齿眼子菜、荇菜、莲等。

㉖苦草群系（*Vallisneria natans* formation）。

苦草群落分布于水渠、湖泊、小河中。群落盖度为50%～60%，水深0.5～2m，苦草高度为0.3～1.0m，与其混生的种有黑藻、小茨藻、金鱼藻、细果野菱等。黄盖湖浅水中多见该群系。

㉗金鱼藻群系（*Ceratophyllum demersum* formation）。

金鱼藻也是分布较多的沉水草本，生长于池塘、水沟、浅湖中，一般群落盖度为98%，水深0.6m，金鱼藻厚度0.3m以上，混生种较少，主要有黑藻、小茨藻、菱、荇菜等。

㉘穗状狐尾藻群系（*Myriophyllum spicatum* formation）。

穗状狐尾藻较多见，但该处成群落生长的多为小块分布，生长于小河、湖泊、池塘、沟渠中；一般群落盖度95%，水深0.5～2m，藻类群体厚度0.3m以上；混生种有金鱼藻、茨藻、角果藻、苦草、菹草等。

（2）漂浮植物类。

漂浮植物是指根不生于土中，全株漂浮于水面的植物。

㉙浮萍、紫萍群系（*Lemna minor*，*Spirodela polyrrhiza* formation）。

该群系分布于浅水荒田和池塘中；有零星漂浮于水面的，也有密布在水面上的；群落盖度100%，水深0.2~1m，组成单纯。

㉚满江红群系（*Azolla imbricata* formation）。

满江红生于静水区、水塘及浅水荒田中，极普遍，多成群漂浮；外貌紫红色；密集，盖度100%；常混生有紫萍；为在优质绿肥。

㉛凤眼莲群系（*Eichhornia crassipes* formation）。

该植物为外来种，在此已普遍繁衍。该植物在静水水沟、池塘中成群生长，成为该处的有害植物；群落外貌浓绿，盖度100%，与其混生的有空心莲子草、浮萍等，水中有菹草等植物。

（3）浮叶植物类。

此类植物根着生于水下土壤中，叶浮于水面。

㉜眼子菜群系（*Potamogeton malainus* formation）。

眼子菜分布于小河、浅湖、水塘、溪沟中，鸦雀嘴洲滩水塘中多。盖度75%，水深2m，植株长0.5~2m；叶片遍布于水面，水中密生小茨藻，狐尾藻、黑藻等。

㉝荇菜群系（*Nymphoides peltatum* formation）。

荇菜分布较广，在池塘静水、水沟、洲滩水池、湖泊边缘常成群生长；花为黄色，可供观赏。群落外貌绿间黄色，盖度90%~100%；水中密生的藻类主要有菹草、金鱼藻、小茨藻、黑藻、水鳖等；有时长入茭笋、弯囊苔草、野荸荠等群落中。

㉞水皮莲群系（*Nymphoides cristatum* formation）。

水皮莲形态和生长环境类似荇菜，其花较小，有白色和黄色，故又名金银莲花。水皮莲在同德垸退田还湖的水区有成片生长。

㉟莲群系（*Nelumbo nucifera* formation）。

莲，即荷花，现野生较少，大多为栽培，分布于池塘、湖泊、沟渠中；水深0.3~2m；群落外貌为绿色，多层，组成单纯，盖度90%；水中有多种植物，如菹草、黑藻、金鱼藻、茨藻等。

㊱菱群系（*Trapa* formation）。

此处成群落生长的菱有3个物种：野菱（*Trapa incisa* var. *quadricaudat*）、

菱（*Trapabicormisvar. bispinosa*）、乌菱（*Trapabicormis*）；生长于池塘、水沟、洲滩水池中；群落盖度 80% ~ 100%，外貌为绿色中带紫色，水深 0.3 ~ 0.8m，水中常生金鱼藻、黑藻、角果藻、菹草等。

㊲芡实群系（*Euryale ferox* formation）。

芡实叶为圆形，多刺，花似鸡头，也称鸡头米；在叶家桥垸湖中有较多的生长，盖度 70%；混生种有野菱、莲、黑藻、狐尾藻、金鱼藻等。该种系为经济植物，种仁为著名食用淀粉，嫩茎为美味蔬菜。

黄盖湖湿地代表性植物群系和群落详见图 2-37 ~ 图 2-50（均为笔者团队自行拍摄）。

图 2-37　黄盖湖湖汊——东港湖

图 2-38　黄盖湖草甸——狗牙根群落

图 2-39　罔草群落

图 2-40　莲群落

图 2-41　香蒲群落

图 2-42　粉酸竹群落

图 2-43　杨树群落

图 2-44　杉树群落

图 2-45　狗牙根群落

图 2-46　毛竹群落

图 2-47　南荻群落（一）

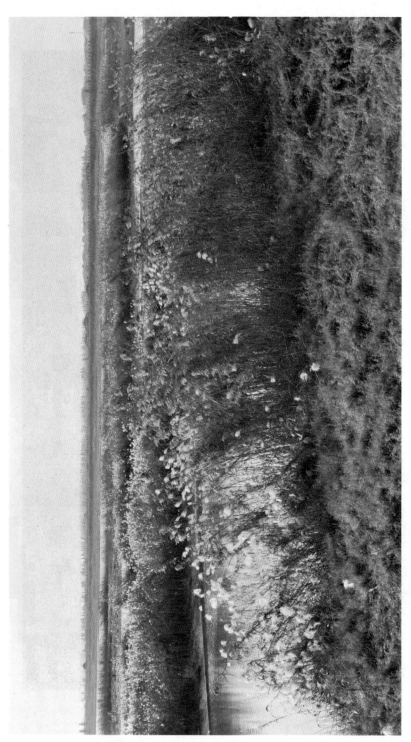

图2-48 南荻群落（二）

图2-49　南荻群落（三）

图2-50 菱群落和渣草群系

## 2.4 国家重点保护野生植物

根据 2021 年 9 月 7 日国务院发布的《国家重点保护野生植物名录》，黄盖湖湿地有 6 种国家重点保护野生植物。其中，水蕨（*Ceratoteris thalictroides*）、粗梗水蕨（*Ceratoteris pteridoides*）、细果野菱（*Trapa incisa*）、中华结缕草（*Zoysia sinica*）、花榈木（*Ormosia henryi*）、野大豆（*Glycine soja*）这 6 种均为国家二级重点保护野生植物。

（1）水蕨（*Ceratoteris thalictroides*）。

水蕨为蕨类植物，属水蕨科。其外形为叶簇生，肉质，是绿色圆柱形，叶片直立或幼时漂浮在水面上；主要分布于黄盖湖湿地的水沟草丛中、河岸水面边；粗梗水蕨多浮于水面。水蕨的分布数量比较稀少，需要加强保护。

（2）粗梗水蕨（*Ceratoteris pteridoides*）。

粗梗水蕨为水蕨科多年生漂浮草本。其外形的叶二型，叶柄、叶轴与下部羽片的基部均显著膨胀呈圆柱形，粗梗水蕨多浮于水面；主要分布于黄盖湖湿地的水沟草丛中、河岸水面边；分布数量不多，建议加强保护。

（3）细果野菱（*Trapa incisa*）。

细果野菱是菱科菱属的浮叶水生植物，叶聚生于茎顶，形成莲座状的菱盘，果实小，富含淀粉，供食用。该植物在湖北大型水域中常见，东港湖内数量较多，为水体优势物种。

（4）中华结缕草（*Zoysia sinica*）。

中华结缕草为多年生草本植物，具横走根茎，秆直立，高 13~30cm，在我国多个省份均有生长。在黄盖湖湿地的河岸、路旁的草丛中有分布。中华结缕草的根系发达，生长匍匐性好，故经常被用作草坪。

（5）花榈木（*Ormosia henryi*）。

花榈木为豆科红豆属多年生常绿乔木，木材纹理清晰美丽，可做家具等。黄盖湖湿地周边有零星种植。

（6）野大豆（*Glycine soja*）。

野大豆为豆科藤本。黄盖湖湿地堤坡和道路边有较多的生长。该种因数量较多，易被忽视，但在湿地保护区内不能随意破坏。

黄盖湖国家重点保护野生植物种类详见图 2-51~图 2-56（图片均为笔者团队自行拍摄）。

图 2-51　水蕨

图 2-52　粗梗水蕨

图 2-53 野大豆

图 2-54 中华结缕草

图 2-55　细果野菱

图 2-56　花榈木

# 3

# 动物多样性调查

## 3.1 无脊椎动物多样性

### 3.1.1 调查方法

#### 3.1.1.1 浮游动物

浮游动物采样的断面、时间和环境记录与浮游植物相同。浮游动物的计数分为原生动物、轮虫和枝角类与桡足类的计数总数。原生动物和轮虫利用浮游植物定量样品进行计数，原生动物计数是从浓缩的 30ml 样品中取 0.1ml，置于 0.1ml 的计数框中，全片计数，每个样品计数 2 片；轮虫则是从浓缩的 30ml 样品中取 1ml，置于 1ml 的计数框中，全片计数，每个样品计数 2 片。同一样品的计数结果与均值之差不得高于 15%，否则应增加计数次数。枝角类和桡足类的计数是用 1ml 计数框，将用 10 L 水过滤后的浮游动物定量样品分若干次全部计数。

单位水体浮游动物数量的计算公式如下：

$$N = \frac{nv}{CV}$$

式中：*N* —— 1升水样中浮游动物的数量（ind/L）；

    *v* —— 样品浓缩后的体积（L）；

    *V* —— 采样体积（L）；

    *C* —— 计数样品体积（ml）；

    *n* —— 计数所获得的个数（ind.）。

显微镜下检测各类浮游动物的种类、数量、大小，分别计算其密度、生物量。浮游动物现存量根据各类浮游动物现存量之和求得。

### 3.1.1.2　底栖动物

底栖动物的调查与浮游动物调查同时进行。底栖动物分三大类：水生昆虫、寡毛类、软体动物。我们采用 Petersen 氏底泥采集器采集定量样品，每个采样点采泥样 2~3 个；将采集的泥样用 60 目分样筛进行筛洗，然后装入封口塑料袋中，在室内进行挑拣，把底栖动物标本拣入标本瓶中，用 7% 的福尔马林溶液保存待检。软体动物定性样品用 D 形踢网（kick-net）进行采集，水生昆虫、寡毛类定性样品采集同定量样品。

我们在室内用解剖镜和显微镜对底栖动物定性样品进行分类鉴定；定量样品按不同种类统计个体数，根据采泥器面积计算种群数量，样品用滤纸吸去多余水分后用扭力天平称出湿重，计算底栖动物的数量和生物量。

## 3.1.2　浮游动物多样性

浮游动物是湿地生态系统的重要组成部分，为食物链中的次级生产力，其种类组成和数量分布与渔业关系极为密切。

### 3.1.2.1　物种多样性

（1）浮游动物的种类组成。

本次调查中，4 个采样点共计检测到浮游动物 33 种（属）（名录见附录F）。如表 3-1 所示，其中原生动物 7 种，占浮游动物种类的 21.22%；轮虫16 种，占 48.48%；枝角类 6 种，占 18.18%；桡足类 4 种，占 12.12%。从种类组成看，轮虫的种类较丰富。

从各采样点来看，原生动物常见优势类群为沙壳虫（*Difflugia* sp.）；轮虫类的常见种类为矩形龟甲轮虫（*Kerafella quadrata*）和臂尾轮虫（*Branchionus* sp.）；枝角类常见种类为长额象鼻溞（*Bosmina longirostris*）；桡足类常见种类为无节幼体（*Nauplius*）。

表 3-1　各门浮游动物种类数及所占比例

| 种类 | 原生动物 | 轮虫 | 枝角类 | 桡足类 | 总计 |
|---|---|---|---|---|---|
| 种类数 | 7 | 16 | 6 | 4 | 33 |
| 比例/% | 21.22 | 48.48 | 18.18 | 12.12 | 100 |

### 3.1.2.2　密度和生物量

各采样点浮游动物的平均密度为 642.75ind./L，其中原生动物的密度最大，为 481.5ind./L；其次为轮虫为 139ind./L。浮游动物平均生物量为 0.96mg/L，其中原生动物为 0.038mg/L，占总生物量的 3.98%；轮虫为 0.47mg/L，占总生物量的 48.96%；枝角类为 0.235mg/L，占总生物量的 24.48%；桡足类为 0.22mg/L，占总生物量的 22.92%。可见库区水体中轮虫的生物量占优势。各采样点浮游动物密度和生物量见表 3-2。

表 3-2　各采样点浮游动物密度（ind./L）和生物量（mg/L）

| 种类 | 现存量 | 1 | 2 | 3 | 4 | 平均值 | 百分比/% |
|---|---|---|---|---|---|---|---|
| 原生动物 | 密度 | 294 | 528 | 669 | 435 | 481.5 | 74.91 |
| | 生物量 | 0.022 | 0.041 | 0.053 | 0.037 | 0.038 | 3.98 |
| 轮虫 | 密度 | 78 | 134 | 186 | 158 | 139 | 21.63 |
| | 生物量 | 0.22 | 0.48 | 0.62 | 0.56 | 0.47 | 48.96 |
| 枝角类 | 密度 | 8 | 12 | 15 | 11 | 11.5 | 1.79 |
| | 生物量 | 0.16 | 0.24 | 0.32 | 0.22 | 0.235 | 24.48 |
| 桡足类 | 密度 | 7 | 14 | 9 | 13 | 10.75 | 1.67 |
| | 生物量 | 0.13 | 0.3 | 0.18 | 0.27 | 0.22 | 22.92 |
| 总计 | 密度 | 387 | 688 | 879 | 617 | 642.75 | 100 |
| | 生物量 | 0.53 | 1.06 | 1.17 | 1.09 | 0.96 | 100 |

## 3.1.3　底栖动物多样性

底栖动物是指在水底栖息的动物总称，一般包括水生环节动物、水生软体动物、甲壳动物和水生昆虫。底栖动物调查的目的在于了解水体中底栖动物的种类组成、分布，以及对水体单位面积上底栖动物的平均密度和生物量作出比较可靠的估计，从而为水体中底层鱼类的放养指标提供一定的依据，还可用这些调查数据评述水体的污染程度。

### 3.1.3.1 物种多样性

2022 年 4 月，中南民族大学技术人员通过采样分析，共发现底栖动物 28 种，其中环节动物门 5 种、软体动物门 14 种，节肢动物门 9 种（名录见附录 H）。环节动物常见种类为苏氏尾鳃蚓；软体动物常见种类为中华圆田螺和铜锈环棱螺；节肢动物常见种类主要为摇蚊科幼虫和虾类。

### 3.1.3.2 密度和生物量

如表 3-3 所示，湖北黄盖湖湿地底栖动物平均密度为 429ind. /m²，其中节肢动物密度为 138ind. /m²，占总密度的 32.17%；环节动物密度为 186ind. /m²，占总密度的 43.36%；软体动物密度为 105ind. /m²，占总密度的 24.48%。可见其中环节动物密度最高。平均生物量为 10.5g/m²，其中软体动物为 6.7g/m²，占总生物量的 63.81%；节肢动物为 3.2g/m²，占总生物量的 30.48%；环节动物为 0.6g/m²，占总生物量的 5.71%。

表 3-3 底栖动物密度（ind. /m²）和生物量（g/m²）

|  | 环节动物 | 软体动物 | 节肢动物 | 总计 |
|---|---|---|---|---|
| 密度 | 186 | 105 | 138 | 429 |
| 生物量 | 0.6 | 6.7 | 3.2 | 10.5 |
| 所占比例（密度）/% | 43.36 | 24.48 | 32.17 | 100 |
| 所占比例（生物量）/% | 5.71 | 63.81 | 30.48 | 100 |

黄盖湖主要代表性水鸟及候鸟群详见图 3-1~图 3-4。

图3-1 黄盖湖水鸟群（一）

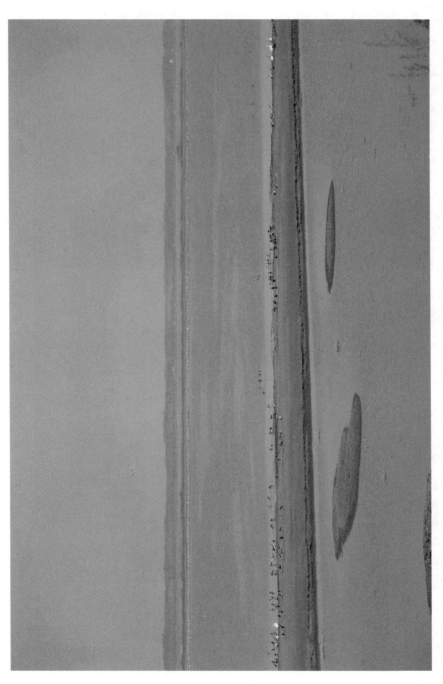

图3-2　黄盖湖水鸟群（二）

图3-3 黄盖湖湿地候鸟群（引自黄盖之家微信公众号）

图3-4 东港湖候鸟群（引自黄盖之家微信公众号）

## 3.2 脊椎动物多样性

调查的脊椎动物资源包括兽类、鸟类、爬行类、两栖及鱼类。陆生脊椎动物调查的主要内容为湿地内的鸟类、兽类、两栖类、爬行类的种类、种群数量、行为、活动痕迹、栖息环境及生存现状等。并且我们对湿地内的鸟类多样性进行了专项调查。

### 3.2.1 调查方法

#### 3.2.1.1 调查方法

调查以样线法为主,同时辅以访问调查和查阅文献等其他调查方法。

(1) 样线法和样点法。

根据湿地内的不同植被类型和生境类型,以及遵循代表性、随机性和可行性的原则,确定动物调查样线。根据野生动物的习性,选择早、晚沿样线行走,观察、记录、拍照样线两侧所见到的野生动物的实体、数量、足迹、粪便和其他痕迹以及动物的生境。我们共设置了6条样线,涵盖了树林、灌丛、水域、滩涂等生境。

观察鸟类时,样线长 1.5~3km,步行速度为 1~1.5km/h,利用双筒望远镜观察、统计样线两侧各 100m 范围内的鸟类。

(2) 访问调查。

在短期的外业考察期间,很多野生动物难以及时被发现,因此访问调查是一种重要辅助调查方法。访问对象主要是各调查点久居的村民、渔民、基层林业人员等。访问以"非诱导"方式进行,以了解湿地内野生动物的一些种类(特别是国家重点保护野生动物)和数量的消长状况。

(3) 查阅文献资料。

查阅历年来公开发表的关于赤壁市和黄盖湖湿地野生动植物的有关文献等。

#### 3.2.1.2 动物数量级划分

为了直观、科学地表示陆生野生动物的种群数量,我们采用了数量等级评价方法。根据单位面积内某一种野生动物的数量占所调查动物类群(划分为兽类、鸟类、爬行类、两栖类)个体总数的百分比计算其优势度。依据优势度划分该动物类群的数量等级：10%及以上的为优势种，1%~10%的为常见种，1%以下的为少见种。

### 3.2.2　兽类多样性

#### 3.2.2.1　生态类型

根据黄盖湖湿地兽类生活习性的不同，13种兽类可以分为以下3种生态类型：

（1）半地下生活型。

半地下生活型的兽类栖息于湿地内的树林、灌丛和农田等地下，在地面捕食，有草兔（*Lepus capensis*）、褐家鼠（*Rattus novegicus*）、黄胸鼠（*Rattus flavipectus*）小家鼠（*Mus musculus*）、社鼠（*Niviventer confucianus*）、东方田鼠（*Microtus fortis*）、黄鼬（*Mustela sibirica*）、猪獾（*Arctonyx collaris*）、狗獾（*Meles meles*）和鼬獾（*Melogale moschata*）共10种。

（2）树栖型。

树栖型的兽类栖息于山区树林中，有岩松鼠（*Sciurotamias davidianus*）和隐纹花松鼠（*Tamiops swinhoei*）2种。

（3）地面生活型。

地面生活型的兽类栖息于树林及灌丛，主要在地面活动，有野猪（*Sus scrofa*）这1种。

#### 3.2.2.2　重点保护兽类

黄盖湖湿地内有3种湖北省重点保护动物：猪獾、狗獾、鼬獾。

### 3.2.3　鸟类多样性

#### 3.2.3.1　种类组成

经实地调查、座谈访问和查阅相关资料，黄盖湖湿地及周边地区的鸟类有128种，隶属于16目44科（名录见附录D）。其中，以雀形目鸟类最多，共62种，占48.44%。黄盖湖湿地国家Ⅰ级重点保护动物中鸟类有1种，为白鹤（*Grus leucogeranus*）。国家Ⅱ级重点保护动物中鸟类有10种，为白琵鹭（*Platalea leucorodia*）、小天鹅（*Cygnus columbianus*）、鸿雁（*Anser cygnoides*）、斑头秋沙鸭（*Mergus albellus*）、黑鸢（*Milvus migrans*）、游隼（*Falco peregrinus*）、蓝喉歌鸲（*Luscinia svecica*）、画眉（*Garrulax canorus*）、白胸翡翠（*Halcyon smyrnensis*）、小鸦鹃（*Centropus bengalensis*）。

### 3.2.3.2 生态类型

按生活习性的不同，黄盖湖湿地内的 128 种鸟类可以分为以下 6 类：

（1）游禽类。

游禽类的嘴扁平而阔或尖，有些种类尖端有钩或嘴甲；脚短而具蹼，善于游泳。湿地鸟类包括䴙䴘目、鹈形目、雁形目、鸻形目鸥科和燕鸥科所有种类，本区域以种类有以小天鹅（*Cygnus columbianus*）、鸿雁（*Anser cygnoides*）、斑头秋沙鸭（*Mergus albellus*）、小䴙䴘（*Tachybaptus rufiollis*）、普通鸬鹚（*Phalacrocorax carbo*）、灰翅浮鸥（*Chlidonias hybrida*）等为代表的共20 种。

（2）涉禽类。

涉禽类的嘴长而直，脚及趾特长，蹼不发达，涉走浅水中。在湿地分布的鸟类包括鹳形目、鹤形目、鸻形目（除鸥科和燕鸥科外）的所有种类，代表种类如白鹤（*Grus leucogeranus*）、苍鹭（*Ardea cinerea*）、白鹭（*Egretta garzetta*）、黑水鸡（*Gallinula chloropus*）、骨顶鸡（*Fulica atra*）、反嘴鹬（*Recurvirostra avosetta*）、青脚鹬（*Tringa nebularia*）、凤头麦鸡（*Vanellus vanellus*）、金眶鸻（*Charadrius dubius*）等，共 29 种。

（3）猛禽类。

猛禽类具有弯曲如钩的锐利嘴和爪，翅膀强大有力，能在天空翱翔或滑翔，捕食空中或地下活的猎物，包括隼形目、鸮形目的所有种类。代表种类黑鸢（*Milvus migrans*）、游隼（*Falco peregrinus*），共 2 种。

（4）陆禽类。

陆禽类的体格结实，嘴坚硬，脚强而有力，适于挖土，多在地面活动觅食。湿地鸟类包括鸡形目和鸽形目的所有种类。代表种类有环颈雉（*Phasianus colchicus*）、灰胸竹鸡（*Bambusicola thoracica*）、山斑鸠（*Streptopelia orientalis*）、珠颈斑鸠（*Streptopelia chinensis*），共 4 种。

（5）攀禽类。

攀禽类的嘴、脚和尾的构造都很特殊，善于在树上攀缘。湿地鸟类包括鹃形目、佛法僧目、犀鸟目、䴕形目的所有种类，代表种类有四声杜鹃（*Cuculus micropterus*）、小鸦鹃（*Centropus toulou*）、普通翠鸟（*Alcedo atthis*）、戴胜（*Upupa epops*）、大斑啄木鸟（*Dendrocopos major*）等，共 11 种。

（6）鸣禽类。

鸣禽类鸣管和鸣肌特别发达；一般体形较小，体态轻捷，活泼灵巧，善于鸣叫和歌唱，且巧于筑巢，包括雀形目所有种类，种类繁多。代表种类有棕背伯劳（*Lanius schach*）、黑枕黄鹂（*Oriolus chinensis*）、黑卷尾（*Dicrurus macrocercus*）、八哥（*Acridotheres cristatellus*）和红嘴蓝鹊（*Urocissa erythrorhyncha*）等，共 62 种。

### 3.2.3.3　区系类型

黄盖湖湿地的 128 种鸟类中，东洋种有 38 种，约占 29.69%；古北种有 47 种，约占 36.72%；广布种有 43 种，约占 33.59%。

### 3.2.3.4　鸟类居留型

黄盖湖湿地的 128 种鸟类中，留鸟 58 种，约占 45.31%；夏候鸟 21 种，约占 16.4%；冬候鸟 37 种，约占 28.9%；旅鸟 12 种，约占 9.38%。其中留鸟所占比例最大。

### 3.2.3.5　重点保护鸟类

黄盖湖湿地国家 Ⅰ 级重点保护动物中的鸟类有 1 种，为白鹤。国家 Ⅱ 级重点保护动物中的鸟类有 10 种，分别为白琵鹭（*Platalea leucorodia*）、小天鹅（*Cygnus columbianus*）、鸿雁（*Anser cygnoides*）、斑头秋沙鸭（*Mergus albellus*）、黑鸢（*Milvus migrans*）、游隼（*Falco peregrinus*）、蓝喉歌鸲（*Luscinia svecica*）、画眉（*Garrulax canorus*）、白胸翡翠（*Halcyon smyrnensis*）、小鸦鹃（*Centropus bengalensis*）。

## 3.2.4　爬行类多样性

黄盖湖湿地内共有爬行类 13 种，隶属于 2 目 7 科（名录见附录 C）。

### 3.2.4.1　生态类型

根据黄盖湖湿地的爬行类生活习性的不同，13 种爬行类可以分为以下 4 种生态类型：

①住宅型：只有多疣壁虎（*Gekko subpalmatus*）1 种。

②灌丛石隙型：包括中国石龙子（*Eumeces chinensis*）、北草蜥（*Takydromus septentrionais*）、竹叶青蛇（*Trimeresurus stejnegeri*）3 种。

③水栖型：只有乌龟（*Chinemys reevesii*）1 种。

④林栖傍水型：包括王锦蛇（*Elaphe carinata*）、玉斑锦蛇（*Elaphe mandarina*）、黑眉锦蛇（*Elaphe taeniura*）、红点锦蛇（*Elaphe rufodorsata*）、翠青蛇（*Eutechinus major*）、滑鼠蛇（*Ptyas mucosus*）、乌梢蛇（*Zaocys dhumnades*）和银环蛇（*Bungarus multicinctus*）8种。

### 3.2.4.2 区系特征

黄盖湖湿地的爬行类中，东洋种10种，占总数的76.92%；广布种共3种，占23.08%。

### 3.2.4.3 重点保护爬行类

黄盖湖湿地内无国家重点保护爬行类，有6种湖北省重点保护爬行类：王锦蛇、玉斑锦蛇、黑眉锦蛇、滑鼠蛇、乌梢蛇、银环蛇。

## 3.2.5 两栖类多样性

黄盖湖湿地内共有9种两栖类动物，隶属于2目4科（名录见附录B）。

### 3.2.5.1 生态类型

根据生活习性的不同，湿地内的9种两栖类动物可分为以下3种生态类型：

（1）静水型。

静水型动物主要在湿地水库中的静水水体中生活，与人类活动关系较密切，有黑斑侧褶蛙（*Pelophylax nigromaculata*）、湖北侧褶蛙（*Pelophylax hubeiensis*）、沼水蛙（*Hylarana guentheri*）3种。

（2）陆栖型。

陆栖型动物主要在湿地内离水源不远的陆地上活动，有中华大蟾蜍（*Bufo gargarizans*）、泽陆蛙（*Fejervarya limnocharis*）、合征姬蛙（*Microhyla mixtura*）、饰纹姬蛙（*Microhyla ornata*）、北方狭口蛙（*Kaloula borealis*）5种。

（3）树栖型。

树栖型动物主要在湿地内的植物叶片上活动，有中国雨蛙（*Hyla chinensis*）1种。

### 3.2.5.2 区系特征

在9种两栖类动物中，东洋种有6种，占总数的66.67%；古北种有

1 种，占总数的 11.11%；广布种有 22 种，占 22.22%。

### 3.2.5.3 重点保护两栖类

黄盖湖湿地内有 7 种湖北省重点保护两栖类，分别是中华大蟾蜍（*Bufo gargarizans*）、黑斑侧褶蛙（*Pelophylax nigromaculata*）、湖北侧褶蛙（*Pelophylax hubeiensis*）、沼水蛙（*Hylarana guentheri*）、泽陆蛙（*Fejervarya limnocharis*）、合征姬蛙（*Microhyla mixtura*）、饰纹姬蛙（*Microhyla ornata*）。

## 3.2.6 鱼类多样性

### 3.2.6.1 物种多样性

黄盖湖湿地的鱼类资源调查表明，鱼类有 4 目、8 科、33 种（名录见附录 I）。湿地范围内的水域有国家 II 级保护野生鱼类 1 种，为胭脂鱼（*Myxocyprinus asiaticus*）。其他主要有草鱼（*Ctenopharyngodon idellus*）、鲢（*Hypophthalmichthys molitrix*）、鳙（*Aristichthys nobilis*）、鲤（*Cyprinus carpio*）、鲫（*Carassius auratus*）、翘嘴鲌（*Culter alburnus*）、黑尾近红鲌（*Ancherythroculter nigrocauda*）、黄颡鱼（*Pseudobagrus fulvidraco*）、鳜（*Siniperca chuatsi*）、大眼鳜（*Siniperca kneri*）、鲇（*Silurus asotus*）、黄鳝（*Monopterus albus*）、泥鳅（Misgurnus anguillicaudatus）等鱼类。

### 3.2.6.2 区系特征

黄盖湖湿地的鱼类主要由 3 个区系复合体构成。

（1）中国平原区系复合体。

黄盖湖湿地有以鲢、鳙、草鱼、团头鲂等为代表的鱼类，黄盖湖湿地的鱼类多为本区系复合体。这类鱼的特点：很大部分产漂流性鱼卵，一部分鱼虽产黏性卵但黏性不强，卵产出后附着在物体上，不久即脱离，顺水漂流并发育；该复合体的鱼类都对水位变动敏感，许多种类在水位升高时从湖泊进入江河产卵，幼鱼和产过卵的亲鱼入湖泊育肥。在北方，当秋季水位下降时，鱼类又回到江河中越冬；它们中不少种类的食物单纯，生长迅速，一般比鲤、鲫更能适应较高的温度。

（2）南方平原区系复合体。

黄盖湖湿地有乌鳢、黄鳝。这类鱼常具拟草色，身上花纹较多，有些种类具棘和吸取游离氧的副呼吸器官，如鳢的鳃上器、黄鳝的口腔表皮等。此类鱼喜暖水，在北方选择温度最高的盛夏繁殖，多能保护鱼卵和幼鱼，分布在东亚，愈往低纬度地带种类愈多。除东南亚有分布外，印度也有一些种类，说明此类鱼适合在气候炎热、多水草易缺氧的浅水湖泊池沼中生存。

（3）晚第三纪早期区系复合体。

黄盖湖湿地有鲇、中华鳑鲏、泥鳅。该动物区系复合体被分割成若干不连续的区域，有的种类并存于欧亚，但在西伯利亚已绝迹，故这些鱼类被看作残遗种类。它们的共同特征是视觉不发达，嗅觉发达，多以底栖生物为食，以适应浑浊的水中生活。

### 3.2.7 国家重点保护野生动物

湖北黄盖湖湿地内有国家Ⅰ级重点保护野生动物1种，为白鹤；有国家Ⅱ级重点保护野生动物10种，包括白琵鹭、小天鹅、鸿雁、斑头秋沙鸭、黑鸢、游隼、蓝喉歌鸲、画眉、白胸翡翠、小鸦鹃。黄盖湖湿地国家重点保护动物名录见表3-1。

表3-1　国家重点保护野生动物名录

| 中文名及拉丁名 | 生境 | 数量 | 保护等级 |
| --- | --- | --- | --- |
| 白鹤<br>*Grus leucogeranus* | 多栖息于开阔沼泽岸边，常见于湖泊浅滩水域 | + | 国家Ⅰ级 |
| 白琵鹭<br>*Platalea leucorodia* | 栖息于开阔平原和山地丘陵的河流、湖泊、水库沿岸及浅滩处等生境 | ++ | 国家Ⅱ级 |
| 小天鹅<br>*Cygnus columbianus* | 栖息于湖泊、水库、池塘湿地中 | +++ | 国家Ⅱ级 |
| 鸿雁<br>*Anser cygnoides* | 栖息于多挺水植物的湖泊、水库和池塘中 | + | 国家Ⅱ级 |
| 斑头秋沙鸭<br>*Mergus albellus* | 栖息于开阔湖泊、水库和池塘中 | + | 国家Ⅱ级 |
| 黑鸢<br>*Milvus migrans* | 多栖于开阔平原、丘陵、河流、沼泽以及湖泊沿岸等地带 | ++ | 国家Ⅱ级 |
| 游隼<br>*Falco peregrinus* | 栖息于丘陵、河流、沼泽以及湖泊沿岸等地带 | + | 国家Ⅱ级 |
| 蓝喉歌鸲<br>*Luscinia svecica* | 喜欢栖息于灌丛或芦苇丛中 | + | 国家Ⅱ级 |
| 画眉<br>*Garrulax canorus* | 栖息于山林、库区沿岸林下灌丛 | ++ | 国家Ⅱ级 |

表3-1(续)

| 中文名及拉丁名 | 生境 | 数量 | 保护等级 |
|---|---|---|---|
| 白胸翡翠<br>*Halcyon smyrnensis* | 栖息于库区沿岸、河流、稻田沟渠 | + | 国家Ⅱ级 |
| 小鸦鹃<br>*Centropus bengalensis* | 栖息于灌木丛、沼泽地带及开阔的草地等 | + | 国家Ⅱ级 |
| 胭脂鱼<br>*Myxocyprinus asiaticus* | 一般栖息于水体中下层 | + | 国家Ⅱ级 |

图 3-5 到图 3-56 为我们在调查中的拍摄到的黄盖湖湿地内的各种鸟类。

图 3-5　白鹤

图 3-6　黑鹳

图 3-7　小天鹅（一）

图 3-8　小天鹅（二）

图 3-9　小天鹅（三）

图 3-10　白琵鹭

图 3-11　普通鸬鹚

图 3-12 灰雁（一）

图 3-13 灰雁（二）

图 3-14 灰雁（三）

图 3-15 赤麻鸭

图 3-16 黑水鸡

图 3-17 骨顶鸡

图 3-18　黑腹滨鹬

图 3-19　戴胜

图 3-20 斑鱼狗

图 3-21 苍鹭

图 3-22　针尾鸭

图 3-23　凤头䴙䴘

图 3-24　小䴙䴘

图 3-25　红嘴鸥

图3-26　灰胸竹鸡

图3-27　灰翅浮鸥

图3-28 水雉（雄鸟）

图3-29 水雉（雌鸟）

图3-30 斑嘴鸭（一）

图3-31　斑嘴鸭（二）

图 3-32　普通翠鸟

图3-33 林鹬

图3-33 林鹬

图 3-35　黑翅长脚鹬

图3-36 反嘴鹬

图3-37　普通麦鸡

图3-38 凤头麦鸡

图3-39 青鸟鹬

图3-40 小鹀

图3-41 棕头鸦雀

图3-42　乌鸫

图3-43　北红尾鸲

图3—44　鹊鸲

图3-45  红胁蓝尾鸲

图3-46 白鹡鸰

图3-47 八哥

图3-48 灰椋鸟

图3-49 棕背伯劳

图3-50 小鹀

图3-51  红头长尾山雀

图3-52 绿背山雀

图 3-53 黑头蜡嘴雀

图3-54　鹊鹞

图3-55 鹞

图3-56 鹊鹞

# 4

# 湿地生物多样性保护对策

## 4.1 存在的问题

### 4.1.1 农药污染问题

湿地周围有大面积的农田，农药喷洒是最严重的污染因素。近几年来，湿地周边农业快速发展，成为当地农民增收的骨干产业。其中少量农田水系与湿地相通，加上农药残留处理配套设施不完善，对湿地水环境造成了一定污染。

### 4.1.2 钓鱼活动频繁

笔者在现场调查中发现了大量的社会人员在禁渔期进行钓鱼、捕鱼活动，并且部分人员驱车进入湿地内部，破坏了湿地生态系统的平衡。

湿地范围内的钓鱼活动较为频繁（特别是在禁渔期捕鱼），对原有的鱼类生物多样性造成了一定的影响，使湿地鱼类资源结构呈现单一化，规模呈现小型化趋势。此外，人为频繁活动对冬候鸟及生存环境也产生了严重的威胁。

## 4.2 保护对策

### 4.2.1 水源和水质保护对策

水是湿地存在的关键因素，也是湿地动植物生存的基础，因此良好的水系规划是保护湿地的基本保障。黄盖湖湿地的水系和水质主要受到上游水系、河岸周边畜禽养殖、居民生活污水、生活垃圾和农田化肥农药等的影响。

（1）保护目标。

减少人为干扰，切断污染源，有利于促进该区域湿地生态系统的稳定和发展；提升该地区生物多样性，增强水体自净能力和水生生态系统的稳定性，使湿地内整体水质达到Ⅱ类及以上标准，从而保障饮用水源地的用水安全，为湿地生物提供良好的栖息环境。

（2）保护措施。

通过采取对上游水系的保护建设，水源地保护，完善法律法规，加大执法力度，做好对生活污水和垃圾的处理，以及严格控制水上交通工具的使用等措施，来提高黄盖湖湿地的水质和保障水源的补给。

①加强水源涵养。

加强对湿地沿岸的保护工作，通过退耕还湿工程、补植等方式提高湿地林木、草甸以质量，积极扩大水源涵养面积。

②切断湿地周边污染源。

加大综合治理力度，特别是要加强对黄盖湖湿地周边污水排放单位的管理，严格控制工业企业"三废"排放，杜绝不达标排放现象。科学控制和引导周边居民对生活污水和垃圾的处理，减轻农药和化肥对湿地的危害。

湿地管理单位和各乡镇各相关部门联合，积极推进生态农业。要把广大农民群众充分发动起来，让他们积极支持和参与环境保护工作；建立村民环保自律机制，引导农民群众增强生态文明意识，营造"人人参与、家家行动、户户受益"的良好社会氛围。

③废弃物集中清理。

对水库水面、洲滩湿地及其周边区域进行一次全面、集中的废弃物清理，以清理长期"存储"的固体废弃物及油污等。同时，在废弃物污染严重的区域进行必要的消毒，以防止相关疾病的传播。

④限制水上交通工具的使用。

目前黄盖湖湿地内无私人快艇，今后将继续禁止私人游艇入内。在湿地保护过程中需使用交通工具时，购买电瓶船，严格限制燃油船进入湿地，以确保水面交通工具不会对湿地水质造成破坏。

⑤完善法律法规。

尽快制定黄盖湖湿地水资源管理的法规，如《黄盖湖湿地水污染防治规定》《黄盖湖湿地水环境监督管理条例》等，逐步形成比较完善的有关水资源保护的法律体系，做到有法可依、有章可循，以便及时对水源地环境状况和水库资源保护情况进行监管，保护水源地的安全。

⑥加大日常巡护、管理和宣传力度。

加强日常巡护，组织专门的队伍定期对水面、洲滩湿地及其周边区域的废弃物进行清理和集中处理，减少污染物对水体的破坏，并保持良好的水体景观。和周围乡镇联合建设周边村庄污水收集管网和小型污水处理设施，加强对畜禽养殖废水和生活污水的收集处理，确保污水达标后再排放；同时加大管理力度，做好保护水源地的宣传工作。

## 4.2.2　栖息地保护对策

湿地的一个重要功能就是为野生动植物提供栖息之所，湿地建设过程中要保护这些栖息地不被破坏。栖息地恢复的目的主要是为不同种类的野生动植物提供生长和栖息环境，使生物种类和种群数量增加。黄盖湖湿地范围内的鸟类主要栖息于湿地内的水域及其滩涂，另外在沿岸的森林中也有一定的分布。其中鸣禽类和陆禽类的主要活动场所在湿地两岸的意杨林、麻栎林等阔叶林中，同时部分鹭科鸟类在夜间也栖息在这些林地中。湿地内坡度较缓的滩涂是涉禽的活动区域，普通翠鸟、斑鱼狗等傍水型攀禽也在此区域活动。这些野生动植物的栖息地的主要保护措施如下：

（1）鸣禽类栖息地恢复。

鸣禽生活的环境多种多样，其主要栖息地在林间。黄盖湖湿地内的鸣禽主要栖息于水库两岸的林地、灌丛间，因此鸣禽栖息地的恢复，主要是保育和恢复库岸的森林植被。一方面对两岸发育较好的森林植被进行保育，另一方面对发育不良或郁闭度较低的林地进行恢复，以形成乔、灌、草相结合的多层次的群落结构，为鸣禽提供多样的栖息环境。

影响鸣禽物种多样性的最主要生态因子是植物多样性。湿地中应尽量增加树种，这样不仅可以丰富景观，还能够满足多种鸟类的生存需要。但是，地区鸟类对特定植物种类的青睐在一定程度上是由其基因决定的，所以乡土树种是营造鸟类栖息地绿化树种的首选；而外来树种不易成活，或者过度繁殖，容易形成生物入侵。因此湿地保护中应该尽量选用本土植物来恢复原有植被系统。可选择的乡土树种有槠栲、樟、榆、大叶朴、朴树、白檀、刺槐、梓树、桑树、椴树、檫木、杨树、柳树、泡桐、三角枫、冬青、香椿、皂角、黄连木、构树、枫杨、桤树、梧桐；灌木有十大功劳、蔷薇、悬钩子、石楠、金樱子、野山楂、棣棠、胡枝子、山杏等。

合理增加一定数量的观果植物不但可以丰富冬季湿地的景观，而且可以为植食性留鸟提供食物来源。可选择挂果期较长、果实不易脱落的树种，这类植物果实存留时间长，便于鸟类取食。经过调查发现，枸骨、樟树、十大功劳、火棘、枸杞以及胡颓子等植物挂果时间集中在冬季，长达 4~5 个月，具有良好的生态效益。

（2）游禽和涉禽栖息地恢复。

根据现有的微地形地貌和水文条件，通过生态修复手段可以重建草本沼泽湿地、灌丛沼泽湿地和森林沼泽湿地的生态环境。

①森林沼泽湿地重建。选择乡土植被，如池杉、水杉、落羽杉、鸡婆柳、垂柳、枫杨、乌桕以及一些浆果树种进行森林沼泽湿地的重建。

②灌丛沼泽湿地重建。选择乡土植被，如垂柳、细叶水团花、牡荆、小构树、算盘子、乌桕等进行灌丛湿地的重建。

③草本沼泽湿地重建。选择乡土植被，如芦苇、香蒲、菖蒲、节节草、灯心草、水葱等，进行草本沼泽湿地的恢复和重建。同时，在草本沼泽湿地内设置高低不等的树枝和树桩，并投放一定数量的鱼苗，为水禽提供食物。在具体的建设过程中，应注意蓄水深度，一般为 20~50 cm。

④沉水植被重建。由于人为干扰，黄盖湖湿地沉水植物稀少。因此，应进行原生的沉水植物、浮叶植物的恢复，以恢复和重建比较完善的植物群落结构。利用水生植物和微生物之间的物理、化学和生物三重协同作用，通过过滤、拦截、吸附、沉淀、离子交换、植物吸收和微生物分解等作用来提高湿地的自净能力和自我维持功能。同时，在植物群落结构恢复的过程中，充分考虑动物栖息地的要求，营造良好的生物栖息环境和湿地景观，提高生物多样性。

选用本地适生的土著沉水植物，如苦草、金鱼藻、竹叶眼子菜、菹草等，以及土著浮水植物，如睡莲、野菱、芡实、荇菜、槐叶苹等进行沉水、浮叶植物的恢复和重建。根据湿地的实际，建议重点进行以下植物群落组合为主的恢复重建：苔草+黑藻群落，菱+黄丝草群落，菱+竹叶眼子菜+大茨藻，菱+竹叶眼子菜+黄丝草，菱+聚草+黄丝草，菰+莲群落，香蒲+慈姑群落，芦苇群落，水蓼+稗草+莎草群落，灯芯草+鬼针草+眼子菜群落，香蒲+芦苇群落，柳丛+草地群落，菹草+金鱼藻群落。

（3）鸟类避难所和野外投食点建设工程。

①水禽避难所。

恶劣的自然灾害对水禽的生存产生了巨大威胁，2008年年初的连续冰雪天气就导致许多水禽失去了赖以生存的觅食场所和栖息场所。雪灾期间专家对鄱阳湖流域水禽逃避灾难进行调查时发现，许多水禽都躲避在洲滩上遗弃的人工建筑或草棚内。因此，根据相关调查结果，在湿地建设水禽应急避难所也十分必要。

水禽应急避难所应该以树枝和芦苇等为建造材料，高 1 m，宽 0.15 m，长 1 m，搭建成类似草棚一样的场所，并分布在各种不同水禽的栖息地内。

②野外投食点。

为了在食物短缺时期为鸟类提供必需的食物，在适宜位置设置一定数量的野外投食点，以便在候鸟越冬期食物缺乏时进行必要的人工喂食，以帮助其越冬。在每个投食点设置投食台，投食台和水池为连体结构，长 3.10 m、宽 1.10 m、高 0.18 m。

（4）加强宣传教育。

通过发放宣传湿地材料等多种形式，向周边村民宣传保护野生动物的重要意义；与周边乡镇的中小学合作，通过课堂教育、现场体验等方式，教育周边的青少年爱护野生动物，共同监督制止违法行为。

（5）完善执法措施。

依托湿地管理站及当地森林公安部门，加大执法管理力度，采取巡护措施，增强执法效果。加大执法力度，严厉打击投毒等偷猎、捕杀野生动物的行为，增强工作人员和民众的法制意识。

## 4.2.3 鱼类资源保护对策

### 4.2.3.1 保护目标

通过保护和增殖天然鱼类资源，达到渔业发展与生态安全、生物多样性保护共同发展的目标。

4.2.3.2 保护措施

（1）增殖放流。

①种类与规格。

增殖放流种类以黄盖湖湖区原有的鱼类物种的苗种为主，不放流外来物种、杂交种、转基因种及种质不纯的物种。

放流种类为常规鱼种鲢、鳙、草鱼、鲤、鲫、团头鲂、黄尾鲴等，名特种类黄颡鱼、大眼鳜、翘嘴鲌。每年 4 月底即可开始人工放流，放流鱼种规格要求常规鱼为每尾 50 克左右。

②数量。

预计 2025 年放流大规格鱼种 15 万尾；2030 年放流 10 万尾。

③地点与布局。

放流适宜区域为黄盖湖大堤上、东港湖、黄盖咀等。不宜集中投放，宜多点分散投放以确保放流效果，放流时间以 4 月底为宜。

④增殖放流实施。

增殖放流可委托黄冈市水产局具体操作，技术依托单位为湖北省相关渔业管理机构。所需的鱼类苗种，应严格按照种类、数量、规格和种质标准生产放流，并严格按照增殖放流的技术要求和规定的时间、地点进行放流。在渔政管理机构进行现场考察，确认亲鱼为原种，且质量和数量、生产设施和环境条件符合要求后，方可确认苗种供货单位的供货资格。

（2）库区人工鱼巢设置规划。

浮动框架式黏性卵立体人工鱼巢由固定桩、浮动框架、坠有沉子的缆绳和用于黏附鱼卵的蓬状基质组成。固定桩用于固定浮动框架；浮动框架用于悬挂蓬状基质，使各水层的蓬状基质始终保持与水面的相对位置；黏附基质用于产粘性卵鱼类的受精卵的黏附。人工鱼巢可以保证鱼卵黏附的面积，充分利用水体的立体空间，为栖息于不同水层的产粘性卵鱼类的人工繁育以及天然种群资源的增殖提供规模化繁育条件。

（3）加强库区渔政管理。

黄盖湖跨赤壁、临湘两地，水域面积大，渔政管理力量薄弱，库区群众受经济利益驱使等原因，使此处的渔业秩序较为混乱。针对这一问题，我们建议加强渔政管理力量，对湿地内的渔政进行规范管理。

# 湿地生态价值评价

自然生态质量评价是对湿地进行综合评价的标准。我们通过分析相关历史资料及实地科学考察获得的第一手资料，根据相关的评价标准和指标，从地理位置、生物多样性、典型性、自然性及脆弱性五个方面进行分析、比较，力求能够比较客观科学地反映黄盖湖湿地的生态价值。

## 5.1 地理位置评价

黄盖湖湿地处于长江中游南岸，位于湘、鄂两省交界处，是洞庭湖和长江之间的重要湿地。湿地西、南部近 2/3 的区域属湖南省临湘市管辖，涉及黄盖镇、乘风乡、源潭镇、聂市镇、定湖镇、坦渡乡、江南镇、羊楼司镇 8个乡镇。北、东部 1/3 的区域属湖北省赤壁市管辖，涉及黄盖湖镇、沧湖区、余家桥乡、新店镇、赵李桥镇 5 个乡镇。

## 5.2 生物多样性评价

生物多样性是评价湿地价值的最重要标准，可分为遗传多样性、物种多样性和生态系统多样性三个层次。这里主要从物种多样性和生态系统多样性两个层次对黄盖湖湿地进行评价。

### 5.2.1　物种多样性

为了能够较为客观地反映该地的物种多样性，增强不同地区之间的可比性，我们又从物种多度和物种相对丰度两个层次出发对黄盖湖湿地物种多样性进行评价。

（1）物种多度。

黄盖湖湿地各类水体中的浮游植物 6 门 51 属（种），浮游动物 33 属（种），底栖动物 28 种。区内共有野生维管植物 137 科 390 属 595 种，其中蕨类植物 15 科 18 属 24 种；裸子植物 5 科 10 属 10 种；被子植物 117 科 362 属 561 种，被子植物中双子叶植物 96 科 277 属 416 种，单子叶植物 21 科 85 属 145 种。鱼类 33 种，两栖类 2 目 6 科 15 种，爬行类 2 目 8 科 17 种，鸟类 16 目 44 科 128 种，兽类 4 目 6 科 13 种。

（2）物种相对丰度。

相对丰度是指该区域的物种数量占所属行政省区的物种数量的比例。总的来看，黄盖湖湿地的植物物种多样性较低，而动物物种多样性较高。湖北省有种子植物 5 650 种左右；陆生脊椎动物有 648 种左右，鱼类 170 种，脊椎动物共计 818 种。据此我们可以粗略地估算出黄盖湖湿地动植物资源的相对物种丰度。高等植物的相对丰度较低，仅占全省植物种类的 10.5% 左右；从区系地理分布来看，以世界广布类型占优势，均为单种属和寡种属，反映了本区植物区系上的脆弱性。所以，按标准高等植物的相对丰度来看，此区域的植物丰度处于"相对较低"的水平。陆生脊椎动物种类约占全省脊椎动物的 25.3%，处于"相对较高"的水平。

### 5.2.2　生态系统多样性

生态系统多样性是指生态系统内生境、生物群落和生态过程的多样性。从生态系统来看，其包括灌草丛生态系统、农田生态系统、河流生态系统、湖泊生态系统四种重要生态系统类型。

总体而言，该地区植物的物种虽然多样性不是很高，但所形成的湿地环境成为野生动物生存繁衍所需的良好栖息地，为多种动物的栖息提供了多样的生存空间，这也是该区域动物多样性相对较高的主要原因之一。

黄盖湖湿地具有较高的生态系统多样性，具备良好的湿地环境条件，成为野生动物生存繁衍的良好栖息地，也是候鸟迁徙的重要区域和停歇地。

## 5.3　稀有性评价

根据目前的调查，黄盖湖湿地现分布有国家Ⅱ级保护植物水蕨和粗梗水蕨等4种。根据对高等动物的调查，黄盖湖湿地有国家Ⅰ级重点保护野生动物1种，国家二级重点保护野生动物12种。由此可见，区域内分布多种珍稀濒危野生动物资源，可见其较高的保护价值，因此在这里建立国家重要湿地具有必要性和紧迫性。

## 5.4　自然性评价

处于自然状态的区域是开展生物多样性保护的首选区域，因此自然性是评价湿地的重要指标。黄盖湖湿地周边无大型污染工厂企业，目前湿地内水体水质优良。自然植被受到人为干扰较少，保存良好，并且此处栖息和繁衍的鸟类品种众多，鸟类资源丰富。

## 5.5　脆弱性评价

湿地的脆弱性是指湿地所面临的人类干扰压力。湿地生态系统是极为脆弱的生态系统，其物种、群落、生境、生态系统及景观等对环境变化的内在敏感程度极高，如果干扰程度超过其生态系统的承载量或容纳量，其生态系统结构就会受到严重破坏，导致功能丧失。

## 5.6　保护措施及建议

黄盖湖湿地独特的地理位置、丰富多样的功能生境都有利于孕育并保持丰富的生物多样性。黄盖湖湿地主要保护目标为该区域典型的湿地生态系统及珍稀濒危野生动植物资源及其栖息地。为了实现保护目标，最大限度地保护黄盖湖湿地生态系统和生物多样性，特对保护措施提出如下建议：

### 5.6.1　设立黄盖湖国家重要湿地

该区域人为干扰较少，十分适合湿地动植物的栖息。这块面积不大的湿地上分布着 4 种国家保护植物，栖息有 11 种国家重点保护野生动物。因此，建立湿地，将这块区域有效保护起来，对保护区域生物多样性具有重大意义。

### 5.6.2　加强保护宣传和执法力度

宣传有关法律、法规和政策，宣传保护野生动植物、维护生态平衡对社区发展的重要性，使广大公众认识到湿地和野生动物保护的重要意义，号召社区公众自觉保护湿地和野生动植物。对破坏湿地和非法猎杀野生动物的行为予以坚决打击。

### 5.6.3　控制建设项目，加强湿地保护和修复

要积极响应赤壁市建立环境友好型和资源节约型的两型社会号召，建立黄盖湖重要湿地。做好湿地保护规划，加强湿地的保护和修复，严格控制使湿地面积缩减和栖息地质量下降的建设项目，减少人为干扰，保护珍稀动植物及其栖息地。

### 5.6.4　加强合作，积极开展科学研究

湖北黄盖湖湿地的地理位置十分重要，湿地资源较丰富，是开展相关湿地科学研究的良好基地。为了及时掌握湿地内动植物资源的基本情况和动态变化规律，以及湿地变化与水文特征的关系等，为湿地保护管理和合理利用提供科学支持，湿地管理机构可与有关院校、科研院所合作，继续开展本底资源调查及有关科学研究与监测，如湿地保育与恢复技术研究、消落带治理技术研究、水质净化研究、湿地服务功能研究等，为湿地的保护与管理决策提供依据。

附录

# 附录 A 黄盖湖湿地维管束植物名录

本名录共记录了湖北黄盖湖湿地野生维管植物 137 科 390 属 595 种，其中蕨类植物 15 科 19 属 26 种；裸子植物 5 科 10 属 10 种；被子植物 117 科 362 属 561 种，被子植物中双子叶植物 96 科 277 属 418 种，单子叶植物 21 科 85 属 145 种。名录中，蕨类植物科的顺序按《中国蕨类植物科属词典》排列，被子植物按哈钦松系统排列。各科内，按植物的拉丁属名和种名顺序排列。

## 蕨类植物 PTERIDOPHYTA（15 科 19 属 26 种）

1. 木贼科 EQUISETACEAE（1 属 2 种）

问荆 *Hippochaete arense* L.

节节草 *Hippochaete ramosissimum*（Desf.）Boerner

2. 海金莎科 LYGODIACEAE（1 属 1 种）

海金莎 *Lygodium japonicum*（Thunb.）Sw.

3. 碗蕨科 DENNSTAEDTIACEAE（2 属 5 种）

碗蕨 *Dennstaedtia scabra*（Wall. exHook.）T. Moore

细毛碗蕨 *Dennstaedtia hirsuta*（Sw.）Mett. exMiq.

光叶碗蕨 *Dennstaedtia scabra*var. *glabrescens*（Ching）C. Chr.

边缘鳞盖蕨 *Microlepia marginata*（Houtt.）C. Chr.

粗毛鳞盖蕨 *Microlepia strigosa*（Thunb.）C. Presl

4. 鳞始蕨科 LINDSAEACEA（1 属 1 种）

乌蕨（乌韭）*Stenoloma chusanum*（L.）Ching

5. 蕨科 PTERIDIACEAE（1 属 1 种）

蕨 *Pteridium aquilinum* var. *latiusculum*（Desv.）Underw.

6. 凤尾蕨科 PTERIDACEAE（1 属 2 种）

井栏边草 *Pteris multifida* Poir

凤尾蕨 *Pteris cretica*var. *nervosa*（Thunb.）ChingetS. H. Wu（*P. nervosa*）

水蕨 *Ceratopteris thalictroides*

粗梗水蕨 *Ceratopteris chingii*

7. 中国蕨科 SINOPTERIDACEAE（1 属 1 种）

野雉尾金粉蕨 *Onychium japonicum*（Thunb.）Kze.

8. 铁线蕨科 Adiantaceae（1 属 1 种）

扇叶铁线蕨 *Adiantum flabellulatum* L.

9. 裸子蕨科 Hemionitidaceae（1 属 1 种）

凤丫蕨 *Coniogramme japonica*（Thunb.）Diels

10. 金星蕨科 THELYPTERIDACEAE（2 属 2 种）

渐尖毛蕨 *Cyclosorus acuminatus*（Houtt.）Nakai

光脚金星蕨 *Parathelypteris japonica*（Baker）Ching

11. 乌毛蕨科 BLECHNACEAE（P42）（1 属 1 种）

狗脊蕨 *Woodwardia japonica*（L. f.）Sm.

12. 鳞毛蕨科 DRYOPTERIDACEAE（2 属 3 种）

贯 众 *Cyrtomium fortunei*J. Sm.

阔鳞鳞毛蕨 *Dryopteris championii*（Benth.）C. Chr. exChing

黑足鳞毛蕨 *Dryopteris fuscipes* C. Chr.

13. 萍科 MARSILEACEAE（1 属 1 种）

萍 *Marsilea quadrifolia* L.

14. 槐叶萍科 SALVINIACEAE（1 属 1 种）

槐叶萍 *Salvinia natans*（L）. All.

15. 满江红科 AZOLLACEAE（1 属 1 种）

满江红 *Azolla imbricata*（Roxb.）Nakai

## 裸子植物 GYMNOSPERMAE（5 科 10 属 10 种）

16. 银杏科 GINKGOACEAE（1 属 1 种）

银杏 *Ginkgo biloba* L

17. 雪松科 PINACEAE（2 属 2 种）

湿地松 *Pinus elliottii* Engelm.

马尾松 *Pinus massoniana* Lamb.

18. 杉科 TAXODIACEAE（4 属 4 种）

池杉 *Taxodium disticum*（L.）Rich. var. imbricatum（Nutt.）Croom

柳杉 *Cryptomeria fortunei* Hooibrenk ex Otto et Dietr. 14

杉木 *Cunninghamia lanceolata*（Lamb.）Hook.

水杉 *Metasequoia glyptostroboides* Hu et Cheng

19. 柏科 CUPRESSACEAE（2 属 2 种）

圆柏 *Sabina chinensis*（L.）Ant.

侧柏 *Platycladus orientalis*（L.）Franco

20. 罗汉松科 PODOCARPACEAE（1 属 1 种）

罗汉松 *Podocarpus macrophyllus*（Thunb.）D. Don

## 被子植物 ANGIOSPERMAE（117 科 362 属 561 种）
## 双子叶植物（96 科 277 属 418 种）

21. 木兰科 MAGNOLIACEAE（1 属 3 种）

玉兰（白玉兰）*Magnolia denudata* Desr.

紫玉兰 *Magnolia liliflora*

荷花玉兰 *Magnolia grandiflora* L.

22. 樟科 LAURACEAE（4 属 6 种）

樟树 *Cinnamomum camphora*（L.）Presl

乌药 *Lindera aggregata*（Sims.）Kosterm.

狭叶山胡椒 *Lindera angustifolia* Cheng

山胡椒 *Lindera glauca*

山苍子（木姜子）*Litsea cubeba*（Lour.）Pers

檫木（梓树）*Sassafras tzumu* Hemsl.

23. 毛茛科 RANUNCULACEAE（4 属 11 种）

威灵仙 *Clematischinensis* Osbeck

小蓑衣藤 *Clematisgouriana* Roxb. etDC.

圆锥铁线莲 *Clematisterniflora* DC.

禺毛茛 *Ranunculuscantoniensis* DC.

茴茴蒜 *Ranunculuschinensis* Bunge

毛茛 *Ranunculusjaponicus* Thunb.

石龙芮 *Ranunculussceleratus* L.

扬子毛茛 *Ranunculussieboldii* Miq.

猫爪草（小毛茛）*Ranunculusternatus* Thunb.

天葵 *Semiaquilegiaadoxoides*（DC.）Makino

尖叶唐松草 *Thalictrumacutifolium*（H.～M.）Boivin

24. 金鱼藻科 CERATOPHYLLACEAE（1 属 1 种）

金鱼藻 *Ceratophyllumdemersum* L.

25. 睡莲科 NYMPHAEACEAE（3 属 3 种）

芡 实 *Euryaleferox* Salisb. exKonig&Sims

莲 *Nelumbonucifera* Gaertn.

睡莲 *Nymphaea tetragona* Georgi

26. 防己科 MENISPERMACEAE（2 属 2 种）

防己 *Sinomenium acutum*（Thunb.）Rehd. etWils.

木防己 *Cocculus trilobus*（Thunb.）DC

27. 三白草科 SAURURACEAE（2 属 2 种）

蕺菜（鱼腥草）*Houttuynia cordata* Thunb.

三白草 *Saururus chinensis*（Lour.）Baill.

28. 罂粟科 PAPAVERACEAE（1 属 1 种）

博落回 *Macleaya cordata*（Willd.）R. Br.

29. 紫堇科 FUMARIACEAE（1 属 3 种）

紫堇 *Coryda lisedulis* Maxim

黄堇 *Coryda lispallida* Pers

小花黄堇 *Coryda lisracemosa*（Thunb.）Pers.

30. 白花菜科 CAPPARACEAE（1 属 2 种）

黄花菜 *Cleome viscosa* L

白花菜 *Cleome gynandra* L.

31. 十字花科 CRUCIFERAE（5 属 10 种）

荠菜 *Capsella bursa~pastoris*（L.）Medik.

弯曲碎米荠 *Cardamine flexuosa* With.

碎米荠 *Cardamine hirsuta* L.

水田碎米荠 *Cardamine lyrata* Bunge

肾果荠（臭荠）*Coronopus didymus*（L.）J. E. Smith

北美独行菜 *Lepidium virginicum* L

广州蔊菜 *Rorippa cantoniensis*（Lour.）Ohwi

风花菜（球果蔊菜）*Rorippa globosa*（Turcz.）Thellg.

蔊菜 *Rorippa indica*（L.）Hiern.

沼生蔊菜 *Roripa islandica*（Oeder.）Borbas

32. 堇菜科 VIOLACEAE（1 属 6 种）

戟叶堇菜 *Viola betonicifolia* J. E. Smith

蔓茎堇菜 *Viola diffusa* Ging

长萼堇菜 *Viola inconspicua* Blume

犁头叶堇菜 *Viola magnifica* C. J. Wang

三角叶堇菜 *Viola triangulifolia* W. Becker

紫花地丁 *Viola yedoensis* Macino

33. 远志科 POLYGALACEAE（1 属 2 种）

瓜子金 *Polygala japonica* Houtt.

远志 *Polygala tenuifolia* Willd

34. 景天科 CRESSULACEAE（1 属 3 种）

珠芽景天 *Sedum bulbiferum* Makino

佛甲草 *Sedum lineare* Thunb

垂盆草 *Sedum sarmentosum* Bunge

35. 虎耳草科 SAXIFRAGACEAE（1 属 1 种）

虎耳草 *Saxifraga stolonifera* Meerb.

36. 石竹科 CARYOPHYLLACEAE（6 属 7 种）

无心菜 *Arenaria serpyllifolia* L.

簇生卷耳 *Cerastium fontanum* Baumg. ssp. *triviale*（Murb.）Jalas

牛繁缕 *Malachium aquaticum*（L.）Fries

漆姑草 *Sagina japonica*（Sw.）Ohwi

繁缕 *Stellaria chinensis*（L.）Cyr.

雀舌草 *Stellaria alsine* Grimm

瞿麦 *Dianthus superbus* L

37. 粟米草科 MOLLUGINACEAE（1 属 1 种）

粟米草 *Mollugo stricta* L.

38. 马齿苋科 PORTULACACEAE（1 属 1 种）

马齿苋 *Portulaca oleracea* L.

土人参 *Talinum paniculatum*（Jacq.）Gaertn.

39. 蓼 科 POLYGONACEAE（3 属 18 种）

金荞麦 *Fagopyrum dibotrys*（D. Don）Hara

萹蓄 *Polygonum aviculare* L.

虎杖 *Polygonum cuspidatum* Sieb. etZucc.

水蓼（辣蓼）*Polygonum hydropiper* L.

酸模叶蓼 *Polygonum lapathifolium* L.

绵毛酸模叶蓼 *Polygonum lapathifolium* L. var. *salicifolium*Sibth.

何首乌 *Polygonumm ultiflorum* Thunb.

红蓼 *Polygonum orientale* L.

杠板归 *Polygonum perfoliatum* L.

习见蓼 *Polygonum plebeium* R. Br.

丛枝蓼 *Polygonum posumbu* Buch. ~Ham. exD. Don

箭叶蓼 *Polygonum sieboldii* Meisn.

酸模 *Rumex acetosa* L.

齿果酸模 *Rumex dentatus* L.

羊蹄 *Rumex japonicus* Houtt.

长刺酸模 *Rumex trisetifer* Stokes

愉悦蓼 *Persicaria jucunda*

蓼子草 *Persicaria criopolitana*

40. 商陆科 PHYTOLACCACEAE（1 属 1 种）

商陆 *Phytol accaacinosa* Roxb.

41. 藜科 CHENOPODIACEAE（2 属 4 种）

藜 *Chenopodium album* L.

小藜 *Chenopodium serotinum* L.

土荆芥 *Chenopodium album* L.

地肤 *Kochia scoparia*（L.）Schrud.

42. 苋科 AMARANTACEAE（4 属 7 种）

土牛膝 *Achyranthes aspera* L.

空心莲子草 *Alternanthera philoxeroides*（Mart.）Griseb.

虾钳菜 *Alternanther asessilis*（L.）DC.

凹头苋 *Amaranthus lividus* L.

刺苋 *Amaranthus spinosum* L.

皱果菜 *Amaranthus viridis* L.

青葙 *Celosia argentea* L.

43. 牻牛儿苗科 GERANIACEAE（2 属 3 种）

牻牛儿苗 *Erodium stephanianum* Willd.

野老鹳草 *Geranium carolinianum* L.

尼泊尔老鹳草 *Geranium nepalense* Sw.

44. 酢浆草科 OXALIDACEAE（1 属 1 种）

酢浆草 *Oxalis corniculata* L.

45. 千屈菜科 LYTHRACEAE（4 属 4 种）

水苋菜 *Ammannia baccifera* L.

千屈菜 *Lythrumsa licaria* L.

节节菜 *Rotala indica*（Willd.）Koehne

圆叶节节菜 *Rotala rotundifolia*（Ham.）Koehne

46. 柳叶菜科 ONAGRACEAE（2 属 5 种）

柳叶菜 *Epilobium hirsutum* L.

长籽柳叶菜 *Epilobium pyrricholophum* Franch. etSavat.

水龙 *Ludwigia adscendens*（L.）Hara

卵叶丁香蓼 *Ludwigia ovalis* Miq.

假柳叶菜 *Ludwigia epilobioides* Miq.

47. 菱科 HYDROCARYACEAE（1 属 6 种）

细果野菱 *Trapa maximowiczii* Korah

乌菱 *Trapa bicormis* Osbeck

菱 *Rapa bicormis* var. bispinosa（Roxb.）Xiong

野菱 *Trapa incisa* Sieb. et Z. var. quadricaudata Gluck

丘角菱 *Trapa japonica* Flerow

48. 小二仙草科 HALORAGIDACEAE（2 属 2 种）

小二仙草 *Gonocarpusm icrantha* Thunb.

穗状狐尾藻 *Myriophyllum spicatum* L.

49. 水马齿科 CALLITRICHACEAE（1 属 1 种）

沼生水马齿 *Callitriche palustris* L.

50. 瑞香科 THYMELAEACEAE（2 属 2 种）

芫花 *Daphne genkwa* Sieb. Et Zucc.

结香 *Edgeworthia chrysantha* Lindl

51. 紫茉莉科 NYCTAGINACEAE（1 属 1 种）

紫茉莉 *Mirabilis jalapa* L.

52. 大风子科 FLACOURTIACEAE（1 属 1 种）

柞木 *Xylosma racemosum*（Sieb. et Zucc.）Miq.

53. 葫芦科 CUCURBITACEAE（103）（2 属 2 种）

盒子草 *Actinostemmatenerum* Griff.

栝楼 *Trichosanthes kirilowii* Maxim

54. 野牡丹科 MELASTOMACEAE（2 属 2 种）

地菍 *Melastoma dodecandrum* Lour.

金锦香 *Osbeckia chinensis* L.

55. 金丝桃科 HYPERICACEAE（1 属 3 种）

小连翘 *Hypericum erectum* Thunb

地耳草 *Hypericum japonicum* Thunb. exMurray

元宝草 *Hypericum sampsonii* Hance

56. 椴树科 TILIACEAE（4 属 4 种）

田麻 *Corchoropsis crenata* Sieb. etZucc.

扁担杆 *Grewia biloba* D. Don

单毛刺蒴麻 *Triumfetta annua* L.

假黄麻 *Corchorus acutangulus* Lam

57. 锦葵科 MALVACEAE (2 属 3 种)

苘麻 *Abutilon theophrasti* Medicus

木芙蓉 *Hibiscus mutabilis* L.

木槿 *Hibiscus syriacus* L.

58. 大戟科 EUPHORBIACEAE (8 属 15 种)

铁苋菜 *Acalypha australis* L.

红背山麻杆 *Alchornea trewioides* Muell. – Arg.

重阳木 *Bischofia polycarpa* (Levl.) Airy-Shaw

乳浆大戟 *Euphorbia esula* L.

泽漆 *Euphorbia helioscopia* L.

地锦草 *Euphorbia humifusa* Willd.

大戟 *Euphorbia pekinensis* Rupr.

算盘子 *Glochidion puberum* (L.) Hutch.

野桐 *Mallotus japonicus* (Thunb.) Muell. – Arg. Var. floccosus S. M. Huang

白背叶 *Mallotus apelta* (Lour.) Muell. –Arg

粗糠柴 *Mallotus philippensis* (Lam.) Muell. –Arg.

杠香藤 *Mallotus repandus* var. chrysocarpus (Pamp.) S. M. Huang

青灰叶下珠 *Phyllanthus glaucus* Wall. ex Muell. –Arg.

叶下珠 *Phyllanthus urinaria* L

乌桕 *Sapium sebiferum* (L.) Roxb.

59. 鼠刺科 ESCALLONIACEAE (1 属 1 种)

矩叶鼠刺 *Itea oblonga* H. –M.

60. 蔷薇科 ROSACEAE (12 属 25 种)

龙芽草 *Agrimonia pilosa* Ledeb.

蛇莓 *Duchesnea indica* (Andr.) Focke

枇杷 *Eriobotrya japonica* (Thunb.) Lindl.

路边青 *Geum aleppicum* Jacq.

委陵菜 *Potentilla chinensis* Ser.

翻白草 *Potentilla discolor* Bunge

三叶委陵菜 *Potentilla freyniana* Bornm.

蛇含委陵菜 *Potentilla kleiniana* W. et A.

椤木石楠 *Photinia davidsoniae* Rehd. et Wils.

小叶石楠 *Photinia parvifolia*（Pritz.）Schneid.

石楠 *Photinia serrulata* Lindl.

沙梨 *Pyrus pyrifolia*（Burm. f.）Nakai

小果蔷薇 *Rosa cymosa* Tratt.

金樱子 *Rosa laevigata* Michx.

软条七蔷薇 *Rosa henryi* Boulenger

粉团蔷薇 *Rosa multiflora* Thunb. var. cathayensis Rehd. et Wils.

山莓 *Rubus corchorifolius* L. f.

插田泡 *Rubus coreanus* Miq.

高粱泡 *Rubus lambertianus* Ser.

茅莓 *Rubus parvifolius* L.

灰白毛莓 *Rubus tephrodes* Hance

地榆 *Sanguisorba officinalis* L.

中华绣线菊 *Spiraea chinensis* Maxim

疏毛绣线菊 *Spiraea hirsuta*（Hemsl.）Schneid

李叶绣线菊 *Spiraea prunifolia* Sieb. et Zucc.

61. 含羞草科 MIMOSACEAE（1 属 2 种）

合欢 *Albizia julibrissin* Durazz

山槐 *Albizia kalkora*（Roxb.）Prain

62. 蝶形花科 PAPILIONACEAE（20 属 22 种）

合萌 *Aeschynomene indica* L.

两型豆 *Amphicarpaea edgeworthii* Benth.

紫云英 *Astragalus sinicus* L.

小叶三点金 *Desmodium microphyllum*（Thunb.）DC.

野扁豆 *Dunbaria villosa*（Thunb.）Makino

野大豆 *Glycine soja* Sieb. et Zucc.

鸡眼草 *Kummerowia striata*（Thunb.）Schindl.

截叶铁扫帚 *Lespedeza cuneata* G. Don.

大叶胡枝子 *Lespedeza davidii* Franch.

铁马鞭 *Lespedeza pilosa*（Thunb.）Sieb. etZucc.

山鸡血藤 *Millettia dielsiana* Harms ex Diels

天蓝苜蓿 *Medicago lupulina* L.

草木樨 *Melilotus officinalis*（L.） Pall.

花榈木 *Ormosia henryi* Prain

鹿藿 *Rhynchosia volubilis* Lour.

刺槐 *Robinia pseudoacacia* L.

白车轴草 *Trifolium repens* L.

野葛 *Pueraria montana* var. lobata（Willd.）Sanjappa

广布野豌豆 *Viciacracea* L.

小巢菜 *Vicia hirsuta* （L.） S. F. Gray.

救荒野豌豆 *Vicia sativa* L.

黄檀 *Dalbergia hupeana* Hance

63. 金缕梅科 HAMAMELIDACEAE（2 属 2 种）

枫香 *Liquidambar formosana* Hance

檵木 *Loropetalum chinense*（R. Br.）Oliv

64. 悬铃木科 PLATANACEAE （1 属 1 种）

二球悬铃木 *Platanus acerifolia* Willd

65. 杨柳科 SALICACEAE （2 属 4 种）

意杨 *Populus nigra* L. var. *italica*（Moench） Koehne

垂柳 *Salix babylonica* L.

旱柳 *Salix matsudana* Koidz.

川三蕊柳 *Salix triandroides* Fang

66. 壳斗科 FAGACEAE（5 属 8 种）

板栗 *Castanea mollissima* Bl.

茅栗 *Castanea seguinii* Dode

栲树 *Castanopsis fargesii* Franch.

苦槠 *Castanopsis sclerophylla*（Lindl.）Schottky

青冈栎 *Cyclobalanopsis glauca*（Thunb.）Oerest.

石栎 *Lithocarpus glaber*（Thunb.）Nakai

白栎 *Quercus fabri* Hance

栓皮栎 *Quercus variabilis* Bl.

67. 榆科 ULMACEAE（3 属 3 种）

朴树 *Celtis sinensis* Pers.

山油麻 *Trema cannabina* var. dielsiana

榔榆 *Ulmus parvifolia* Jacq.

68. 桑 科 MORACEAE（4 属 6 种）

藤构葡蟠 *Broussonetia kaempferi* Sieb.

小构树 *Broussonetia kazinoki* S. et Z

构树 *Broussonetia papyrifera*（L.）L′Hert. ex Vent.

柘树 *Cudrania tricuspidata*（Carr.）Bur. ex Lavallee

异叶榕 *Ficus heteromorpha* Hemsl. t.

桑树 *Morus alba* L.

69. 荨麻科 URTICACEAE（1 属 1 种）

苎麻 *Boehmeria nivea*（L.）Gaud

糯米团 *Gonostegia hirta*（Bl.）Wedd.

矮冷水花 *Pilea notata* C. H. Wright

70. 大麻科 CANNABINACEAE（1 属 1 种）

葎草 *Humulusscandens*（Lour.）Merr.

71. 冬青科 AQUIFOLIACEAE（1 属 3 种）

满树星 *Ilex aculeolata* Nakai

冬青 *Ilex chinensis* Sims

枸骨 *Ilex cornuta* Lindl. et Paxt.

72. 卫矛科 CELASTRACEAE（3 属 5 种）

南蛇藤 *Celastrus orbiculatus* Thunb.

白杜卫矛 *Euonymus bungeanus* Maxim.

扶芳藤 *Euonymus fortunei*（Turcz.）H. −M.

冬青卫矛 *Euonymus japonicus* Thunb.

雷公藤 *Tripterygium wilfordii* Hook. f.

73. 鼠李科 RHAMNACEAE（2 属 2 种）

枳椇 *Hovenia acerba* Lindl.

长叶冻绿 *Rhamnus crenata* Sieb. et Zucc.

74. 胡颓子科 ELAEAGNACEAE（1 属 1 种）

胡颓子 *Elaeagnus pungens* Thunb.

75. 葡萄科 VITACEAE（3 属 6 种）

白蔹 *Ampelopsis japonica*（Thunb.）Makino

蛇葡萄 *Ampelopsis sinica*（Miq. K）W. T. Wang

乌蔹莓 *Cayratia japonica*（Thunb.）Gagnep.

蘡奥 *Vitis adstricta* Hance

葛藟葡萄 *Vitis flexuosa* Thunb.

小叶葡萄 *Vitis sinocinerea* W. T. Wang

76. 芸香科 RUTACEAE（4 属 6 种）

臭辣树 *Evodia fargesii* Dode

酸橙 *Citrus aurantium* L.

柚 *Citrus maxima*（Burm.）Merr.（C. grandis（L.）Osbeck.）

桔 *Citrus reticulata* Blance

枳 *Poncirus trifoliata*（L.）Rafin.

竹叶花椒 *Zanthoxylum armatum* DC.

77. 苦木科 SIMAROUBACEAE（1 属 1 种）

臭椿 *Ailanthus altissima*（Mill.）Swingle

78. 楝科 MELIACEAE（2 属 2 种）

楝树 *Melia azedarach* L.

香椿 *Toona sinensis*（A. Juss.）Roem.

79. 无患子科 SAPINDACEAE（1 属 1 种）

复羽叶栾树 *Koelreuteria bipinnata* Franch.

80. 槭树科 ACERACEAE（1 属 1 种）

三角枫 *Acer buergerianum* Miq.

81. 清风藤科 SABIACEAE（1 属 1 种）

清风藤 *Sabia japonica* Maxim.

82. 省沽油科 STAPHYLEACEAE（1 属 1 种）

野鸦椿 *Euscaphis japonica*（Thunb.）Dippel

83. 漆树科 ANARCARDIACEAE（3 属 3 种）

南酸枣 *Choerospondias axillaries*

盐肤木 *Rhus chinensis* Mill.

野漆树 *Toxicodendron succedaneum*（L.）Kuntze

84. 胡桃科 JUGLANDACEAE（1 属 1 种）

枫杨 *Pterocarya stenoptera* C. DC.

化香 *Platycarya strobilacea* Sieb. et Zucc.

85. 蓝果树科 NYSSACEAE（1 属 1 种）

喜树 *Camptotheca acuminata* Decne.

86. 五加科 ARALIACEAE（3 属 3 种）

白勒 *Acanthopanax trifoliatus*（L.）Merr.

楤木 *Aralia chinensis* L.

常春藤 *Hedera nepalensis* K. Koch var. sinensis（Tobl.）Rehd.

87. 伞形科 UMBELLIFERAE（7 属 7 种）

积雪草 *Centella asiatica*（L.）Urban

蛇床 *Cnidium monnieri*（L.）Cuss.

鸭儿芹 *Cryptotaenia japonica* Hassk

野胡萝卜 *Daucus carota* L.

天胡荽 *Hydrocotyle sibthorpioides* Lam.

水芹 *Oenanthe javanica*（Blume）DC.

窃衣 *Torilis scabra*（Thunb.）DC.

88. 杜鹃花科 ERICACEAE（2 属 3 种）

小果珍珠花 *Lyonia ovalifolia* var. elliptica（Sieb. et Zucc.）H. -M.

羊踯躅 *Rhododendron molle*（Blum）G. Don.

杜鹃花 *Rhododendron simsii* Planch.

89. 越桔科 VACCINIACEAE（1 属 1 种）

乌饭树 *Vaccinium bracteatum* Thunb.

90. 柿树科 EBENACEAE（1 属 1 种）

野柿 *Diospyros kaki* Thunb. var. sylvestris Makino

91. 紫金牛科 MYRSINACEAE（2 属 2 种）

紫金牛（矮地茶）*Ardisia japonica*（Thunb.）Bl.

杜茎山 *Maesa japonica*（Thunb.）Noritze ex Zoll.

92. 安息香科 STYRACACEAE（1 属 2 种）

垂珠花 *Styrax dasyanthus* Perk.

野茉莉 *Styrax japonicus* Sieb. et Zucc.

93. 山矾科 SYMPLOCACEAE（1 属 2 种）

山矾 *Symplocos sumuntia* Buch. - Ham. ex D. Don.

白檀 *Symplocos multipes* Brand

94. 马钱科 LOGANIACEAE （1 属 1 种）

醉鱼草 *Buddlejalindleyana* Fort

95. 木犀科 OLEACEAE （2 属 2 种）

女贞 *Ligustrum lucidum* Ait

桂花 *Osmanthus fragrans* Lour.

96. 夹竹桃科 Apocynaceae （2 属 3 种）

紫花络石 *Trachelospermum axillare* Hook. F.

络石（石血）*Trachelospermum jasminoides*（Lindl.）Lem.

夹竹桃 *Nerium oleander* L.（N. indicum Mill.）

97. 萝藦科 ASCLEPIADACEAE （2 属 3 种）

牛皮消 *Cynanchum auriculatum* Royleex Wight

白前 *Cynanchum glaucescens*（Decne.）H. ~ M.

华萝藦 *Metaplexis hemsleyana* Oliv.

98. 茜草科 RUBLACEAE （7 属 11 种）

毛鸡矢藤 *Paederia scandens* var. tomentosa （Bl.）H. － M

细叶水团花 *Adina rubella* Hance

虎刺（绣花针）*Damnacanthus indicus* Gaertn. f.

栀子（黄栀子）*Gardenia jasminoides* Ellis

猪殃殃 *Galium aparine* L. var. tenerum （Gren. et Godr.）Rcbb

四叶葎 *Galium bungei* Steud.

金毛耳草 *Hedyotis chrysotricha*（Palib.）Merr.

白花蛇舌草 *Hedyotis diffusa* Willd.

长节耳草 *Hedyotis uncinella* Hook. et Arn.

鸡矢藤 *Paederia scandens*（Lour.）Merr.

六月雪 *Serissa serissoides*（DC.）Druce.

99. 忍冬科 CAPRIFOLIACEAE （3 属 3 种）

糯米条 *Abelia chinensis* R. Br.

忍冬 *Lonicera japonica* Thunb.

接骨草 *Sambucus chinensis* Lindl.

100. 菊科 COMPOSITAE （30 属 38 种）

杏香兔儿风 *Ainsliaea fragrans* Champ.

胜红蓟 *Ageratum comyzoides* L.

黄花蒿 *Artemisia annua* L.

艾蒿 *Artemisia argyi* Levl. etVant.

茵陈蒿 *Artemisia capillaris* Thunb.

青蒿 *Artemisia caruifolia* Buch. ~Ham.

野艾蒿 *Artemisia lavandulaefolia* DC.

艾叶 *Artemisia princeps* Pamp.

蒌蒿（泥蒿）*Artemisia selengensis* Turcz.

三脉紫菀 *Aster ageratoides* Turcz.

狼把草 *Bidens tripartita* L.

飞廉 *Carduus crispus* L.

天名精 *Carpesium abrotanoides* L.

石胡荽 *Centipeda minima*（L.）A. Br. etAschers.

大蓟 *Cirsium japonicum* Fisch. exDC.

刺儿菜 *Cirsium setosum*（Willd.）MB.

小白酒草 *Conyza canadensis*（L.）Cronq.

野菊 *Dendranthema indicum*（L.）Des Moul.

鳢肠 *Eclipta prostrata*（L.）L.

一年蓬 *Erigeron annuus*（L.）Pers.

泽兰 *Eupatorium japonicum* Thunb

三裂叶泽兰 *Eupatorium japonicum*var. *tripartitum* Makino

鼠麴草 *Gnaphalium affine* D. Don

野茼蒿 *Gynuya crepidioides* Benth

菊芋 *Helianthus tuberosus* L.

泥胡菜 *Hemistepta lyrata*（Bunge）Bunge

旋复花 *Inulajaponica* Thunb.

苦荬菜 *Ixerispolycephala* Cass.

马兰 *Kalimeris indica*（L.）Sch. ~Bip.

稻槎菜 *Lapsana apogonoides* Maxim.

台湾翅果菊 *Pterocypsela formosana*（Maxim.）Shih

菊状千里光 *Senecio laetus* Edgew

豨莶 *Siegesbeckia orientalis* L.

裸柱菊 *Soliva anthemifolia*（Juss.）R. Br.

苦苣菜 *Sonchus oleraceus* L.

蒲公英 *Taraxacum mongolicum* H. ~M.

苍耳 *Xanthium sibiricum* Patrin. exWidd.

黄鹌菜 *Youngia japonica*（L.）DC.

101. 睡菜科 MENYANTHACEAE（1 属 2 种）

金银莲花 *Nymphoides indica*（L.）O. Ktze

荇菜 *Nymphoides peltatum*（Gmel.）O. Kuntze

102 报春花科 PRIMULACEAE（2 属 4 种）

过路黄 *Lysimachia christinae* Hance

小叶珍珠菜 *Lysimachia parvifolia* Franch.

珍珠菜 *Lysimachia clethroides* Duby

聚花过路黄 *Lysimachia congestiflora* Hemsl.

假婆婆纳 *Stimpsonia chamaedryoides* Wright.

103. 车前草科 PLANTAGINACEAE（1 属 2 种）

车前草 *Plantago asiatica* L.

大车前 *Plantago major* L.

104. 桔梗科 CAMPANULACEAE（1 属 1 种）

兰花参 *Wahlenbergia marginata*（Thunb.）A. DC

105. 半边莲科 LOBELIACEAE（1 属 1 种）

半边莲 *Lobelia chinensis* Lour.

106. 紫草科 BORAGINACEAE（4 属 5 种）

附地菜 *Trigonotis peduncularis*（Trev.）BenthexBakeretMoore

钝萼附地菜 *Trigonotis amblyosepala* N. etK.

斑种草 *Bothriospermum chinense* Bunge

厚壳树 *Ehretia acuminata* R. Br.

粗糠树 *Ehretia dicksonii* Hance

107. 茄科 SOLANACEAE（3 属 6 种）

枸　杞 *Lycium chinense* Mill.

桂金灯 *Physalis alkekengi* L. var. *franchetii*（Mast.）Makino

苦蘵 *Physalis angulata* L.

白英 *Solanum lyratum* Thunb.

龙葵 *Solanum nigrum* L.

珊瑚樱 *Solanum pseudo-capasicum* L.

108. 旋花科 CONVOLVULACEAE （251）（3 属 3 种）

打碗花 *Calystegia hederacea* Wall. exRoxb.

牵牛花 *Ipomoea nil*（L.）Roth

旋花 *Calystegia silvatica*（Kitaib.）Griseb. ssp. *orientalis* Brummitt

109. 菟丝子科 CUSCUTACEAE （1 属 1 种）

菟丝子 *Cuscuta chinensis* Lam.

110. 玄参科 SCROPHULARIACEAE（8 属 15 种）

白花水八角 *Gratiola japonica* Miq.

异叶石龙尾 *Limnophila heterophylla*

石龙尾 *Limnophila sessiliflora*（Vahl.）Blume

长蒴母草 *Lindernia anagallis*（Burm. f.）Pennell

母草 *Lindernia crustacea*（L.）F. Muell.

陌上菜 *Lindernia procumbens*（Krock.）Philcox.

匍茎通泉草 *Mazus miquelii* Makino

通泉草 *Mazus pumilut*（Burm. f.）Van Steenis

玄参 *Scrophularia ningpoensis* Hemsl.

阴行草 *Siphonostegia chinensis* Benth.

婆婆纳 *Veronica didyma* Tenore

蚊母草 *Veronica peregrina* L.

阿拉伯婆婆纳 *Veronica persica* Poir.

水苦荬 *Veronica undulata* Wall.

泡桐（白花泡桐）*Paulownia fortunei*（Seem.）Hemsl.

111. 狸藻科 LENTIBULARIACEAE （1 属 2 种）

黄花狸藻 *Utricularia aurea* Lour.

狸藻 *Utricularia vulgaris* L.

112. 紫葳科 BIGNONIACEAE（2 属 2 种）

凌霄花 *Campsis grandiflora*（Thunb.）K. Schum.

梓树 *Catalpa ovata* Don

113. 茶菱科 TRAOELLACEAE（1 属 1 种）

茶菱 *Trapella sinensis* Oliv.

114. 爵床科 ACANTHACEAE（3 属 3 种）

水蓑衣 *Hygrophila salicifolia*（Vahl.）Nees

爵床 *Rostellularia procumbens*（L.）Nees

九头狮子草 *Peristrophe japonica*（Thunb.）Bremek.

115. 马鞭草科 VERBENACEAE（7 属 10 种）

紫珠 *Callicarpa bodinieri* Levl.

兰香草 *Caryopteris incana*（Thunb.）Miq.

臭牡丹 *Clerodendrum bungei* Steud.

大青 *Clerodendrum cyrtophyllum* Turcz.

海通 *Clerodendrum mandarinorum* Diels

海州常山 *Clerodendrum trichotomum* Thunb.

过江藤 *Phyla nodiflora*（L.）Greene

豆腐柴 *Premna microphylla* Turcz.

马鞭草 *Verbena officinalis* L.

牡荆 *Vitex negundo* L. var. cannabifolia（Sieb. et Zucc.）H. -M.

116. 唇形科 LABIATAE（11 属 15 种）

金疮小草 *Ajuga decumbens* Thunb.

风轮菜 *Clinopodium chinense*（Benth.）O. Kuntze

细风轮菜 *Clinopodium gracile*（Benth.）Matsum.

香薷 *Elsholtzia ciliata*（Thunb.）Hyland

活血丹 *Glechoma longituba*（Nakai）Kupr.

宝盖草 *Lamium amplexicaule* L.

益母草 *Leonurus japonicus* Houtt.

小鱼仙草 *Mosla dianthera*（Buch. ～Ham.）Maxim.

石荠苎 *Mosla scabra*（Thunb.）C. Y. WuetH. W. Li

野紫苏 *Perilla frutescens*var. *acuta*（Thunb.）Kudo

夏枯草 *Prunella vulgaris* L.

荔枝草 *Salvia plebeia* R. Br.

半枝莲 *Scutellaria barbata* D. Don

耳挖草 *Scutellaria indica* L.

水苏 *Stachys japonica* Miq.

## 单子叶植物（21 科，85 属，145 种）

117. 水鳖科 HYDROCHARITACEAE（5 属 5 种）

水筛 *Blyxa japonica*（Miq.）

黑藻 *Hydrilla verticillata*（L. f.）Royle

水鳖 *Hydrocharis dubia*（Blume）Backer

龙舌草 *Ottelia alismoides*（L.）Pers.

苦草 *Vallisneria natans*（Lour.）Hara

118. 泽泻科 ALISMATACEAE（2 属 3 种）

东方泽泻 *Alisma orientale*（Samuel.）Juzep.

矮慈姑 *Sagittaria pygmaea* Miq.

野慈姑 *Sagittaria sagittifolia*var. *hastata* Makino

119. 眼子菜科 POTAMOGETONACEAE（1 属 7 种）

菹草 *Potamogeton crispus* L.

眼子菜 *Potamogeton distinctus* A. Benn.

微齿眼子菜 *Potamogeton maackianus* A. Benn.

竹叶眼子菜 *Potamogeton malainus* Miq.

篦齿眼子菜 *Potamogeton pectinatus* L.

小眼子菜 *Potamogeton pusillus* L.

鸡冠眼子菜 *Potamogeton cristatus*

120. 角果藻科 ZANNICHELLIACEAE（1 属 1 种）

角果藻 *Zannichellia Palustris* L.

121. 茨藻科 NAJADACEAE（1 属 3 种）

草茨藻 *Najas graminea* Del.

茨 藻 *Najas marina* L.

小茨藻 *Najas minor* All.

122. 鸭跖草科 COMMELINACEAE（2 属 3 种）

鸭跖草 *Commelina communis* L.

裸花水竹叶 *Murdannia nudiflora*（L.）Brenan

水竹叶 *Murdannia triquetra*（Wall.）Bruckn.

123. 谷精草科 ERIOCAULACEAE（1 属 1 种）

谷精草 *Eriocaulon buergerianum* Koern

124. 百合科 LILIACEAE（10 属 10 种）

粉条儿菜 *Aletris spicata*（Thunb.）franch.

薤白 *Allium macrostemon* Bunge

麦冬 *Liriope spicata*（Thunb.）Lour.

万寿竹 *Disporum cantoniense*（Lour.）Merr.

萱草 *Hemerocallis fulva*

卷丹 *Lilium lancifolium* Thunb.

沿阶草 *Ophiopogon bodinieri* Levl

万年青 *Rohdea japonica*（Thunb.）Roth.

油点草 *Tricyrtis macropoda* Miq.

凤尾丝兰 *Yucca gloriosa* L

125. 雨久花科 PONTEDERIACEAE（2 属 2 种）

水葫芦 *Eichhornia crassipes*（Mart.）Solms

鸭舌草 *Monochoria vaginalis*（Burm. f.）Presl

126. 菝葜科 SMILACACEAE（1 属 3 种）

菝葜 *Smilax china* L.

土茯苓 *Smilax glabra* Roxb.

防己叶菝葜 *Smilax menispernoides* A. DC.

127. 天南星科 ARACEAE（4 属 4 种）

菖蒲 *Acorus calamus* L

野芋 *Colocasia antiquorum* Schott

半夏 *Pinellia ternata*（Thunb.）Breitenbach

大藻 *Pistia stratiodes* L.

128. 浮萍科 LEMNACEAE（3 属 4 种）

浮萍 *Lemna minor* L.

品藻 *Lemna trisulca* L.

紫萍 *Spirodela polyrrhiza*（L.）Schleid.

芜萍 *Wolffia arrhiza*（L.）Wimmer

129. 香蒲科 TYPHACEAE（1 属 2 种）

水烛 *Typha angustifolia* L.

香蒲 *Typha orientalis* Presl.

130. 石蒜科 Amaryllidaceae（1 属 1 种）

石蒜 *Lycoris radiata*（L.） Herb.

131. 鸢尾科 IRIDACEAE（1 属 1 种）

射干 *Belamcanda chinensis*（L.） DC.

132. 薯蓣科 DIOSCOREACEAE（1 属 2 种）

日本薯蓣 *Dioscorea japonica* Thunb.

薯蓣 *Dioscorea opposita* Thunb.

133. 棕榈科 PALMAE（1 属 1 种）

棕榈 *Trachycarpus fortunei* H. Wendl.

134. 灯芯草科 JUNCACEAE（1 属 4 种）

翅茎灯芯草 *Juncus alatus* Franch. etSav.

小灯芯草 *Juncus bunfonius* L.

灯芯草 *Juncus effusus* L.

野灯芯草 *Juncus setchuensis* Buchen.

135. 莎草科 CYPERACEAE（10 属 34 种）

短尖苔草 *Carex brevicuspis* C. B. Clarke.

二型鳞苔草 *Carex dimorpholepis* Steud.

弯囊苔草 *Carex dispalata* Boot.

芒尖苔草 *Carex doniana* Spreng

异果苔草 *Carex neurocarpa* Maxim

镜子苔草 *Carex phacota* Spreng

藏苔草 *Carex thibetica* Franch.

单性苔草 *Carex unisexualis* C. B. Clarke

阿穆尔莎草 *Cyperus amuricus* Maxim

扁穗莎草 *Cyperus compressus* L.

异型莎草 *Cyperus difformis* L.

碎米莎草 *Cyperus iria* L.

旋鳞莎草 *Cyperus michelianus*（L.） Link.

毛轴莎草 *Cyperus pilosos* Vahl.

香附子 *Cyperus rotundus* L.

少花荸荠 *Eleocharis pauciflora*（Lightf.） Link

荸荠 *Eleocharis tuberosa*（Roxb.） RoemetSchult.

刚毛荸荠 *Eleocharis valleculosa* Ohwi

牛毛毡 *Eleocharis yokoscensis*（F. etS.）TangetWang

拟二叶飘拂草 *Fimbristylis diphylloides* Makino

宜昌飘拂草 *Fimbristylis henryi* C. B. Clarke

水虱草 *Fimbristylis miliacea*（L.）Vahl

水莎草 *Juncellus serotinus*（Rottb.）C. B. Clarke

短叶水蜈蚣 *Kyllinga brevifolia* Rottb.

湖瓜草 *Lipocarpha microcephala*（R. Br.）Kunth.

砖子苗 *Mariscus sumbellatus* Vahl.

球穗扁莎 *Pycreus globosus*（All.）Reichb.

红鳞扁莎 *Pycreus sanquinolentus*（Vahl.）Nees.

萤蔺 *Scirpus juncoides* Roxb.

水毛花 *Scirpus triangulatus* Roxb.

藨草 *Scirpus trigueter* L.

百球藨草 *Scirpus rosthornii* Diels

荆三棱 *Scirpus yagara* Ohwi

136. 禾本科 GRAMINEAE（36 属 54 种）

（1）竹亚科 BAMBUSACEAE（3 属 8 种）。

阔叶箬竹 *Indocalamus latifolius*（Keng）McClure

箬竹 *Indocalamus tessellatus*（Munro）Keng f.

慈竹 *Neosinocalamus affinis*（Rendle）Keng f.

毛竹 *Phyllostachys heterocycla*（Carr.）Mitford cv. 'Pubescens'

桂竹 *Phyllostachys bambusoides* Sieb. et Zucc.

水竹 *Phyllostachys heteroclada* Oliv.

篌竹 *Phyllostachys nidularia* Munro

刚竹 *Phyllostachys sulphurea*（Carr.）A. et C. Riv. cv. 'Viridis'

（2）禾亚科 POACEAE（33 属 46 种）。

看麦娘 *Alopecurus aequalis* Sobol.

荩草 *Arthraxonhis pidus*（Thunb.）Makino

芦竹 *Arundo donax* L.

野燕麦 *Avena fatua* L.

菵草 *Beckmannia syzigachne*（Steud.）Fern.

薏苡 *Coix lacryma~jobi* Linn

狗牙根 *Cynodon dactylon*（L.） Pers.

升马唐 *Digitaria ciliatis*（Retz.） Koel.

紫马唐 *Digitaria vidascens* Link

长芒稗 *Echinochloa caudata* Roshev.

稗 *Echinochloa crusgalli*（L.） Beauv.

无芒稗 *Echinochloa crusgalli*　（L.） Beauv. var. mitis（Pursh）Peterm.

牛筋草 *Eleusine indica*（L.） Gaerth

大画眉草 *Eragrostis cilianensis*（All.） Link. exVignolo~Luttati

知风草 *Eragrostis ferruginea*（Thunb.） Beauv.

乱草 *Eragrostis japonica*（Thunb.） Trin.

小画眉草 *Eragrostis minor* Host

假俭草 *Eremochloa ophiuroides*（Munro） Hack.

牛鞭草 *Hemarthria altissima*（Poir.） StapfetC. E. Hubb.

丝茅 *Imperata koenigii*（Retz.） Beauv.

柳叶箬 *Isachne globosa*（Thunb.） Kuntze

假稻 *Leersia japonica* Makino

千金子 *Leptochloa chinensis*（L.） Nees

黑麦草 *Lolium perenne* Linn.

五节芒 *Miscanthus floridulus*（Labill.） Warb.

紫芒 *Miscanthus purpurascens* Anders.

芒草 *Miscanthus sinensis* Anders.

竹叶草 *Oplismenus compositus*（L.） Beauv.

球米草 *Oplismenus undulatifolius*（Arduino） Beauv.

糠稷 *Panicum bisulcatum*Thunb.

双穗雀稗 *Paspalum paspaloides*（Michx.） Scribn.

雀稗 *Paspalum thunbergii* KunthexSteud.

藕草 *Phalaris arundinacea* L.

芦苇 *Phragmites communis* Trin.

狼尾草 *Pennisetum alopecuroides*（L.） Spreng.

早熟禾 *Poa annua* L.

棒头草 *Polypogon fugax* NeesexSteud.

鹅观草 *Roegneria kamoji* Ohwi

竖立鹅观草 *Roegneria japonica*（Honda.）keng.

金色狗尾草 *Setaria glauca*（L.）Beauv.

狗尾草 *Setaria viridis*（L.）Beauv.

苏丹草 *Sorghum sudanense*（Piper.）Stapf.

鼠尾粟 *Sporobolus fertilis*（Steud.）W. D. Clayt.

南荻（荻）*Triarrhena lutarioparia* L. Liu

菰 *Zizania caduciflora*（Turcz. exTrin. 0）H. ~ M.

中华结缕草 *Zoysia sinica* Hance.

# 附录 B  黄盖湖湿地两栖动物名录

表 B. 1  黄盖湖湿地两栖动物名录

| 中文名及拉丁名 | 生境 | 区系 | 数量 | 保护等级 |
|---|---|---|---|---|
| 一、无尾目 ANURA | | | | |
| （一）蟾蜍科 Bufonidae | | | | |
| 1. 中华大蟾蜍 *Bufo gargarizans* | 栖息在离水源不太远的陆地上或阴暗有一定湿度的丘陵地带的林间草丛中 | 广布种 | ++ | 省级 |
| （二）雨蛙科 Hylidae | | | | |
| 2. 中国雨蛙 *Hyla chinensis* | 生活在灌丛、芦苇、高秆作物上，或塘边、稻田及其附近的杂草上 | 东洋种 | ++ | 未列入 |
| （三）蛙科 Ranidae | | | | |
| 3. 黑斑侧褶蛙 *Pelophylax nigromaculata* | 中国常见蛙类，常栖息于水田、池塘湖沼、河流及海拔 2 200m 以下的山地 | 广布种 | +++ | 省级 |
| 4. 湖北侧褶蛙 *Pelophylax hubeiensis* | 栖息于有水草、藕叶的池塘或稻田中 | 东洋种 | ++ | 省级 |
| 5. 沼水蛙 *Hylarana guentheri* | 生活于海拔 1 000m 以下的平原丘陵地区，多栖息于稻田、菜园、池塘、山沟等地，常隐蔽在水生植物丛间、杂草中 | 东洋种 | ++ | 省级 |

表B.1(续)

| 中文名及拉丁名 | 生境 | 区系 | 数量 | 保护等级 |
|---|---|---|---|---|
| 6. 泽陆蛙<br>*Fejervarya limnocharis* | 生活于平原、丘陵和 2 000 米以下山区的稻田、沼泽、水塘、水沟等静水域或其附近的旱地草丛 | 东洋种 | +++ | 省级 |
| 7. 花臭蛙<br>*Odorrana schmackeri* | 栖息于山溪内，常伏于有苔藓植物的岩石上 | 东洋种 | ++ | 未列入 |
| （四）姬蛙科 Microhyla | | | | |
| 8. 合征姬蛙<br>*Microhyla mixtura* | 多生活于山区小水坑及附近 | 东洋种 | ++ | 省级 |
| 9. 饰纹姬蛙<br>*Microhyla ornata* | 生活于水田或水塘中 | 东洋种 | ++ | 省级 |
| 10. 北方狭口蛙<br>*Kaloula borealis* | 多栖息于水坑或房屋附近的草丛中，土穴内或石下 | 古北种 | + | 未列入 |

注：分类系统参照 1999 年出版的《中国两栖动物图鉴》，由中国野生动物保护协会主编，费梁执行主编。

# 附录C 黄盖湖湿地爬行动物名录

表C. 1 黄盖湖湿地爬行动物名录

| 中文名及拉丁名 | 生境 | 区系 | 数量 | 保护等级 |
|---|---|---|---|---|
| 一、龟鳖目 TESTUDINES | | | | |
| （一）淡水龟科 Bataguridae | | | | |
| 1. 乌龟<br>*Chinemys reevesii* | 海拔 600m 以下的低山、丘陵、平原，底质为泥沙的河沟、池塘、水田、水库等有水源的地方 | 广布种 | + | 未列入 |
| 二、有鳞目 SQUAMATA | | | | |
| （二）壁虎科 Gekkonidae | | | | |
| 2. 多疣壁虎<br>*Gekko subpalmatus* | 常栖息于树林、草原及住宅区等，是昼伏夜出的动物 | 东洋种 | ++ | 未列入 |
| （三）石龙子科 Scincidae | | | | |
| 3. 中国石龙子<br>*Eumeces chinensis* | 栖息在乱石堆及农田、住宅周围的杂草中 | 东洋种 | ++ | 未列入 |

表C.1(续)

| 中文名及拉丁名 | 生境 | 区系 | 数量 | 保护等级 |
|---|---|---|---|---|
| （四） 蜥蜴科 Lacertidae | | | | |
| 4. 北草蜥<br>*Takydromus septentrionais* | 栖息于丘陵灌丛中，也见于农田、茶园、溪边、路边 | 广布种 | ++ | 未列入 |
| （五） 游蛇科 Colubridae | | | | |
| 5. 王锦蛇<br>*Elaphe carinata* | 生活于平原、丘陵和山地 | 东洋种 | ++ | 省级 |
| 6. 玉斑锦蛇<br>*Elaphe mandarina* | 分布于平原、山区、林地，亦常见地民宅附近，沟边或山地草丛中 | 东洋种 | ++ | 省级 |
| 7. 黑眉锦蛇<br>*Elaphe taeniura* | 生活于低海拔的平原、丘陵、山地等处，喜活动于林地、农田、草地、灌丛、坟地、河边及住宅区附近 | 广布种 | +++ | 省级 |
| 8. 红点锦蛇<br>*Elaphe rufodorsata* | 常见于河沟、水田、池塘及其附近 | 东洋种 | + | 未列入 |
| 9. 翠青蛇<br>*Eutechinus major* | 栖息于山区、林地、草丛或田野。食蚯蚓，亦食昆虫及其幼虫 | 东洋种 | ++ | 未列入 |
| 10. 滑鼠蛇<br>*Ptyas mucosus* | 生活于平原、丘陵地带。白天活动，常见于水域附近 | 东洋种 | ++ | 省级 |
| 11. 乌梢蛇<br>*Zaocys dhumnades* | 生活于平原、丘陵和山区，常见于田野、林下、河岸旁、溪边、灌丛、草地、民宅等处 | 东洋种 | +++ | 省级 |
| （六） 眼镜蛇科 Elapidae | | | | |
| 12. 银环蛇<br>*Bungarus multicinctus* | 生活在平原、山地或近水沟的丘陵地带，常出现于住宅附近 | 东洋种 | + | 省级 |
| （七） 蝰科 Viperidae | | | | |
| 13. 竹叶青蛇<br>*Trimeresurus stejnegeri* | 栖于山涧溪水旁的灌丛或杂草中 | 东洋种 | ++ | 未列入 |

注：分类系统参考2000年出版的《中国两栖纲和爬行纲动物校正名录》，由赵尔宓、张学文等主编。

# 附录 D  黄盖湖湿地鸟类名录

表 D.1  黄盖湖湿地鸟类名录

| 名称 | 居留型 | 生境 | 区系 | 数量 | 保护级别 |
|---|---|---|---|---|---|
| 一、鹏鹛目 PODICIPEDIFORMES | | | | | |
| （一）鹏鹛科 Podicipedidae | | | | | |
| 1. 小鹏鹛 *Tachybaptus rufiollis* | 留 | 栖息于湖泊、水塘和沼泽地带 | 东 | ++ | |
| 2. 凤头鹏鹛 *Podiceps cristatus* | 留 | 栖息于湖泊、水塘和沼泽地带 | 古 | ++ | |
| 二、鹈形目 PELECANIFORMES | | | | | |
| （二）鸬鹚科 Phalacrocoracidae | | | | | |
| 3. 普通鸬鹚 *Phalacrocorax carbo* | 冬 | 栖息于河流、湖泊、沼泽等地带 | 广 | ++ | |
| 三、鹳形目 CICONIIFORMES | | | | | |
| （三）鹭科 Ardeidae | | | | | |
| 4. 苍鹭 *Ardea cinerea* | 留 | 栖息于江河、溪流、湖泊、水塘等水域岸边或水边浅水处 | 广 | + | |
| 5. 草鹭 *Ardea purpurea* | 夏 | 栖息于江河、溪流、湖泊、水塘等水域岸边或水边浅水处 | 东 | + | |
| 6. 池鹭 *Ardeola bacchus* | 夏 | 生活、猎食于稻田、池塘、水库等水域，栖息于竹林或树上 | 东 | ++ | |
| 7. 牛背鹭 *Bubulcus ibis* | 夏 | 生活、猎食于稻田、池塘、水库等水域，栖息于竹林或树上 | 东 | + | |
| 8. 大白鹭 *Bubulcus alba* | 冬 | 生活、猎食于稻田、池塘、水库等水域，栖息于竹林或树上 | 广 | + | |
| 9. 白鹭 *Egretta garzetta* | 留 | 生活、猎食于稻田、池塘、水库等水域，栖息于竹林或树上 | 东 | +++ | |
| 10. 中白鹭 *Egretta intermedia* | 夏 | 栖息于开阔河谷、盆地的坝区地带 | 东 | ++ | |
| 11. 夜鹭 *Nycticorax nycticorax* | 夏 | 栖息于江河、湖泊、沼泽、稻田等水域 | 广 | + | |

表D.1(续)

| 名称 | 居留型 | 生境 | 区系 | 数量 | 保护级别 |
|---|---|---|---|---|---|
| 12. 黄斑苇鳽<br>*Ixobrychus sinensis* | 夏 | 栖息于江河、湖泊、沼泽、稻田等水域 | 广 | + | |
| (四) 鹮科 Threskiornithidae | | | | | |
| 13. 白琵鹭<br>*Platalea leucorodia* | 冬 | 栖息于江河、湖泊、沼泽、稻田等水域 | 古 | + | 国家Ⅱ级 |
| 四、雁形目 ANSERIFORMES | | | | | |
| (五) 鸭科 Anatidae | | | | | |
| 14. 小天鹅<br>*Cygnus columbianus* | 冬 | 多栖息于湿地、江河、湖泊及农田 | 古 | +++ | 国家Ⅱ级 |
| 15. 豆雁<br>*Anser fabalis* | 冬 | 多栖息于江河、湖泊及农田 | 古 | ++ | |
| 16. 鸿雁<br>*Anser cygnoides* | 冬 | 多栖息于江河、湖泊及农田 | 古 | ++ | 国家Ⅱ级 |
| 17. 灰雁<br>*Anser anser* | 冬 | 栖息于湖泊、沼泽等淡水水域 | 古 | + | |
| 18. 罗纹鸭<br>*Anas fafcata* | 冬 | 栖息于江河、湖泊、沙洲和沼泽地带 | 古 | + | |
| 19. 绿翅鸭<br>*Anas crecca* | 冬 | 栖息于江河、湖泊、沙洲和沼泽地带 | 古 | ++ | |
| 20. 绿头鸭<br>*Anas platyrhynchos* | 冬 | 栖息于江河、湖泊、沙洲和沼泽地带 | 古 | ++ | |
| 21. 斑嘴鸭<br>*Anas poecilorhyncha* | 冬 | 栖息于江河、湖泊、沙洲和沼泽地带 | 广 | ++ | |
| 22. 针尾鸭<br>*Anas acuta* | 冬 | 栖息于江河、湖泊、沙洲和沼泽地带 | 古 | ++ | |
| 23. 赤膀鸭<br>*Anas strepera* | 冬 | 栖息于江河、湖泊、沙洲和沼泽地带 | 古 | ++ | |
| 24. 琵嘴鸭<br>*Anas clypeata* | 冬 | 栖息于江河、湖泊、沙洲和沼泽地带 | 古 | ++ | |
| 25. 斑头秋沙鸭<br>*Mergus albellus* | 冬 | 多栖息于河流，常见于阔叶林和针阔混交林的水域 | 古 | + | 国家Ⅱ级 |
| 26. 鹊鸭<br>*Bucephala clangula* | 冬 | 多栖息于河流，常见于阔叶林和针阔混交林的水域 | 广 | + | |

表D.1（续）

| 名称 | 居留型 | 生境 | 区系 | 数量 | 保护级别 |
|---|---|---|---|---|---|
| 五、隼形目 FALCONIFORMES | | | | | |
| （六）鹰科 Accipitridae | | | | | |
| 27. 黑鸢 *Milvus migrans* | 留 | 栖息于针叶林、混交林、阔叶林等山地森林和湿地、库区林缘地带 | 广 | ++ | 国家Ⅱ级 |
| （七）隼科 Falconidae | | | | | |
| 28. 游隼 *Falco peregrinus* | 留 | 多栖息于农田、疏林、灌木丛等旷野地带，以鼠类及小鸟为食，筑巢于乔木或岩壁洞 | 古 | + | 国家Ⅱ级 |
| 六、鸡形目 CALLIFORMES | | | | | |
| （八）雉科 Phasianidae | | | | | |
| 29. 灰胸竹鸡 *Bambusicola thoracicus* | 留 | 主要栖息于山区、平原、灌丛、竹林以及草丛 | 东 | + | |
| 30. 环颈雉 *Phasianus colchicus* | 留 | 栖于丛山脚、丘陵的林缘灌木、杂草丛生地带 | 广 | ++ | |
| 七、鹤形目 GRUIFORMES | | | | | |
| （九）三趾鹑科 Turnicidae | | | | | |
| 31. 黄脚三趾鹑 *Turnix tanki* | 夏 | 栖息于湿地沿岸带 | 广 | + | |
| （十）鹤科 Gruidae | | | | | |
| 32. 白鹤 *Grus leucogeranus* | 冬 | 多栖息于开阔沼泽岸边，常见于湖泊浅滩水域 | 古 | + | 国家Ⅰ级 |
| 秧鸡科 Rallidae | | | | | |
| 33. 白胸苦恶鸟 *Amaurornis phoenicurus* | 留 | 在芦苇或水草丛中潜行 | 东 | ++ | |
| 34. 白骨顶 *Fulica atra* | 冬 | 常结群栖于苇塘、沼泽或近水灌草丛，亦单独活动 | 广 | + | |
| 35. 黑水鸡 *Gallinula chloropus* | 留 | 栖于沼泽或近水灌草丛、杂草、芦苇丛、农田等处 | 东 | ++ | |
| 八、鸻形目 CHARADRIIFORMES | | | | | |
| （十二）反嘴鹬科 Recurvirostidae | | | | | |

| 名称 | 居留型 | 生境 | 区系 | 数量 | 保护级别 |
|---|---|---|---|---|---|
| 36. 反嘴鹬<br>*Recurvirostra avosetta* | 冬 | 栖息于沼泽湿地、河湖岸边 | 古 | + | |
| 37. 黑翅长脚鹬<br>*Himantopus himantopus* | 旅 | 栖息于沼泽湿地、河湖岸边 | 广 | + | |
| （十三）鸻科 Charadriidae | | | | | |
| 38. 凤头麦鸡<br>*Vanellus vanellus* | 冬 | 栖息于沼泽、湖畔和水田等地带 | 古 | ++ | |
| 39. 灰头麦鸡<br>*Vanellus cinereus* | 夏 | 栖息于沼泽、湖畔和水田等地带 | 古 | ++ | |
| 40. 金眶鸻<br>*Charadrius dubius* | 旅 | 栖息于沼泽、湖畔和水田等地带 | 广 | ++ | |
| 41. 环颈鸻<br>*Charadrius alexandrinus* | 旅 | 栖息于沼泽、湖畔和水田等地带 | 古 | + | |
| （十四）鹬科 Scolopacidae | | | | | |
| 42. 鹤鹬<br>*Tringa erythopus* | 冬 | 栖于河湖岸边、水田和沼泽湿地 | 古 | ++ | |
| 43. 红脚鹬<br>*Tringa totanus* | 冬 | 栖于河湖岸边、水田和沼泽湿地 | 古 | ++ | |
| 44. 青脚鹬<br>*Tringa nebularis* | 冬 | 栖于河湖岸边、水田和沼泽湿地 | 古 | ++ | |
| 45. 白腰草鹬<br>*Tringa ochropus* | 冬 | 栖于河湖岸边、水田和沼泽湿地 | 古 | ++ | |
| 46. 林鹬<br>*Tringa glareola* | 旅 | 活动于沼泽地带及大河流的泥滩 | 古 | + | |
| 47. 黑腹滨鹬<br>*Calidris alpina* | 冬 | 活动于沼泽地带及大河流的泥滩 | 古 | + | |
| 48. 扇尾沙锥<br>*Capella gallinago* | 冬 | 活动于沼泽地带及大河流的泥滩 | 古 | + | |
| （十五）鸥科 Laridae | | | | | |
| 49. 西伯利亚银鸥<br>*Larus vegae* | 冬 | 常见于较大的湖泊、河流 | 古 | ++ | |
| 50. 红嘴鸥<br>*Larus ridibundus* | 冬 | 常见于较大的湖泊、河流 | 古 | ++ | |

| 名称 | 居留型 | 生境 | 区系 | 数量 | 保护级别 |
|------|--------|------|------|------|----------|
| 51. 灰翅浮鸥<br>*Chlidonias hybrida* | 留 | 常见于较大的湖泊、河流 | 广 | ++ | |
| （十六）燕鸥科 Sternidae | | | | | |
| 52. 普通燕鸥<br>*Sterna hirundo* | 夏 | 栖息于湖泊和较大水域周围的草丛间 | 广 | ++ | |
| 九、鸽形目 COLUMBIFORMES | | | | | |
| （十七）鸠鸽科 Columbidae | | | | | |
| 53. 山斑鸠<br>*Streptopelia orientalis* | 留 | 栖息于山区、丘陵多树木地带 | 广 | ++ | |
| 54. 珠颈斑鸠<br>*Streptopelia chinensis* | 留 | 栖息于丘陵山地树林和多树的平原郊野、农田附近，秋季通常结成小群活动 | 东 | ++ | |
| 十、鹃形目 CUCULIFORMES | | | | | |
| （十八）杜鹃科 Caculidae | | | | | |
| 55. 四声杜鹃<br>*Cuculus micropterus* | 夏 | 多栖息于高大森林中 | 东 | ++ | |
| 56. 大杜鹃<br>*Cuculus canorus* | 夏 | 多栖息于山地及平原的树上以及居民点附近 | 广 | ++ | |
| 57. 小鸦鹃<br>*Centropus bengalensis* | 留 | 多栖于低山灌草丛 | 东 | + | 国家Ⅱ级 |
| 十一、雨燕目 APODIFORMES | | | | | |
| （十九）雨燕科 Apodidae | | | | | |
| 58. 白腰雨燕<br>*Apus pacificus* | 旅 | 栖息于开阔的山麓地带 | 广 | + | |
| 十二、佛法僧目 CORACLLFORMES | | | | | |
| （二十）翠鸟科 Alcedinidae | | | | | |
| 59. 斑鱼狗<br>*Ceryle rudis* | 留 | 栖息于湿地周边山丘、河岸的岩石或树上 | 东 | + | |
| 60. 普通翠鸟<br>*Alcedo atthis* | 留 | 栖息于近水旁的树枝、岩石上，或低山丘陵、平原近水的树丛等处 | 广 | ++ | |

表D.1(续)

| 名称 | 居留型 | 生境 | 区系 | 数量 | 保护级别 |
|------|------|------|------|------|---------|
| 61. 白胸翡翠<br>*Halcyon smyrnensis* | 留 | 栖于湿地、河流、沟渠等地带 | 东 | + | 国家<br>Ⅱ级 |
| 十三、鴷形目 PICIFORMES | | | | | |
| （二十一）啄木鸟科 Picidae | | | | | |
| 62. 灰头绿啄木鸟<br>*Picus canus* | 留 | 栖息于山林间 | 广 | ++ | |
| 63. 大斑啄木鸟<br>*Dendrocopos major* | 留 | 栖息于山地和平原针叶林、针阔叶混交林和阔叶林中，尤以混交林和阔叶林较多，也出现于林缘次生林和农田地边疏林及灌丛地带 | 广 | ++ | |
| 64. 星头啄木鸟<br>*Dendrocopos canicapillus* | 留 | 栖息于各类型的林地或竹林 | 广 | ++ | |
| 65. 蚁鴷<br>*Jynx torquilla* | 旅 | 栖息于各类型的林地或竹林 | 广 | ++ | |
| 十四、犀鸟目 BUCEROTIFORMES | | | | | |
| （二十二）戴胜科 Upupidae | | | | | |
| 65. 戴胜<br>*Upupa epops* | 夏 | 栖于开阔的园地和郊野间的树木上 | 广 | ++ | |
| 十五、雀形目 PASSERIFORMES | | | | | |
| （二十三）百灵科 Alaudidae | | | | | |
| 67. 云雀<br>*Alauda arvevsis* | 冬 | 栖息于田野、森林、湿地周边 | 古 | + | |
| （二十四）燕科 Hirundinidae | | | | | |
| 68. 家燕<br>*Hirundo rustica* | 夏 | 栖息于村落附近，常到田野、森林、水域上空飞行 | 古 | +++ | |
| 69. 金腰燕<br>*Hirundo daurica* | 夏 | 栖息于村落附近，常到田野上空飞行 | 古 | ++ | |
| （二十五）鹡鸰科 Motacillidae | | | | | |
| 70. 水鹨<br>*Anthus spinoletta* | 冬 | 通常藏隐于近溪流处 | 古 | + | |

| 名称 | 居留型 | 生境 | 区系 | 数量 | 保护级别 |
|---|---|---|---|---|---|
| 71. 田鹨 *Anthus richardi* | 夏 | 栖息于湿地、农田周边 | 广 | ++ | |
| 72. 树鹨 *Anthus hodgsoni* | 冬 | 栖息于丘陵、湿地、农田周边 | 古 | ++ | |
| 73. 白鹡鸰 *Motacilla alba* | 留 | 喜滨水活动，多在河溪边、湖沼、水渠等处，在离水较近的耕地附近、草地、荒坡、路边等处也可见到 | 广 | ++ | |
| （二十六）山椒鸟科 Campephagidae | | | | | |
| 74. 暗灰鹃鵙 *Coracina melaschistos* | 夏 | 主要栖息于平原、山区、以栎树为主的落叶混交林、阔叶林缘及山坡灌木丛中 | 东 | + | |
| （二十七）鹎科 Pycnonotidae | | | | | |
| 75. 领雀嘴鹎 *Spizixos semitorques* | 留 | 通常栖息于次生植被及灌草丛 | 东 | ++ | |
| 76. 白头鹎 *Pycnonotidae sinensis* | 留 | 多活动于丘陵或平原的树本灌丛中，也见于针叶林里 | 东 | ++ | |
| 77. 黄臀鹎 *Pycnonotus xanthorrhous* | 留 | 多活动于丘陵或平原的树本灌丛中，也见于针叶林里 | 东 | ++ | |
| （二十八）伯劳科 Laniidae | | | | | |
| 78. 红尾伯劳 *Lanius cristatus* | 夏 | 栖于平原至低山、丘陵的次生阔叶林内 | 广 | ++ | |
| 79. 棕背伯劳 *Lanius schach* | 留 | 栖息于山地乔木林，常单独站立于树桃、木桩、电线杆顶端或电线上 | 东 | ++ | |
| （二十九）黄鹂科 Oriolidae | | | | | |
| 80. 黑枕黄鹂 *Oriolus chinensis* | 夏 | 栖于开阔林、人工林、园林、村庄及红树林 | 广 | + | |
| （三十）卷尾科 Dicruridae | | | | | |
| 81. 黑卷尾 *Dicrurus macrocercus* | 夏 | 栖息于开阔山地林缘、平原近溪处，也常见于农田、村落附近的乔木枝上 | 广 | ++ | |

表D.1（续）

| 名称 | 居留型 | 生境 | 区系 | 数量 | 保护级别 |
|---|---|---|---|---|---|
| 82. 灰卷尾<br>*Dicrurus leucophaeus* | 夏 | 栖息于平原丘陵地带、村庄附近、河谷或山区以及停留在高大乔木树冠顶端或山区岩石顶上 | 东 | + | |
| （三十一）椋鸟科 Sturnidae | | | | | |
| 83. 丝光椋鸟<br>*Sturrnus sericeus* | 留 | 栖息于平原、农田和丛林地带 | 东 | ++ | |
| 84. 灰椋鸟<br>*Sturnus cineraceus* | 冬 | 栖息于平原、农田和丛林地带 | 古 | ++ | |
| 85. 八哥<br>*Acridotheres cristatellus* | 留 | 栖息于阔叶林、竹林、果树林中 | 东 | ++ | |
| （三十二）鸦科 Corvidae | | | | | |
| 86. 松鸦<br>*Garrulus glandarius* | 留 | 栖于阔叶林及果园附近 | 广 | + | |
| 87. 红嘴蓝鹊<br>*Cissa erythrorhyncha* | 留 | 栖于阔叶林及果园附近 | 东 | + | |
| 88. 喜鹊<br>*Pica pica* | 留 | 栖息于山地村落、平原林中。常在村庄、田野、山边林缘活动 | 广 | ++ | |
| 89. 灰喜鹊<br>*Cyanopica cyana* | 留 | 栖息于开阔的松林及阔叶林，公园和居民区 | 古 | ++ | |
| 90. 大嘴乌鸦<br>*Corvus macrorhyhynchos* | 留 | 栖于山林地区，在村落、农田及牧场附近较多 | 广 | + | |
| 91. 白颈鸦<br>*Corvus torquatus* | 留 | 栖于山林地区，在村落、农田及牧场附近较多 | 广 | + | |
| （三十三）鸫科 Turdidae | | | | | |
| 92. 鹊鸲<br>*Copsychus saularis* | 留 | 主要栖息于海拔2 000米以下的低山、丘陵和山脚平原地带的次生林、竹林、林缘疏林灌丛和小块丛林等开阔地方 | 东 | ++ | |
| 93. 蓝喉歌鸲<br>*Luscinia svecica* | 旅 | 主要栖息于芦苇灌丛和小块丛林等 | 广 | + | 国家Ⅱ级 |
| 94. 红胁蓝尾鸲<br>*Tarsiger cyanurus* | 冬 | 主要栖息于芦苇灌丛和小块丛林等 | 古 | ++ | |

表D.1(续)

| 名称 | 居留型 | 生境 | 区系 | 数量 | 保护级别 |
|------|------|------|------|------|--------|
| 95. 北红尾鸲<br>*Phoenicurus auroreus* | 留 | 栖于园圃藩篱或低矮灌木间 | 东 | ++ | |
| 96. 红尾水鸲<br>*Rhyacornis fuliginosus* | 留 | 栖于园圃藩篱或低矮灌木间 | 东 | ++ | |
| 97. 黑喉石鵖<br>*Saxicola torquata* | 留 | 栖息于临河流、溪流或密林中的多岩石露出处 | 东 | ++ | |
| 98. 乌鸫<br>*Turdus merula* | 留 | 栖息于平原草地或园圃间，筑巢于乔木的枝梢上 | 广 | ++ | |
| （三十四）画眉科 Timaliidae | | | | | |
| 99. 黑脸噪鹛<br>*Garrulax perspicillatus* | 留 | 多见地低山灌丛及村落附近的竹林等处 | 东 | ++ | |
| 100. 画眉<br>*Garrulax canorus* | 留 | 多见地低山灌丛及村落附近的竹林等处 | 古 | ++ | 国家Ⅱ级 |
| 101. 棕颈钩嘴鹛<br>*Pomatorhinus ruficollis* | 留 | 栖于山地森林，在茂密的林下灌丛间活动 | 东 | + | |
| 102. 白颊噪鹛<br>*Garrulax sannio* | 留 | 栖于平原和山丘灌丛及村落附近 | 东 | + | |
| 103. 红头穗鹛<br>*Stachyris ruficeps* | 留 | 栖于平原和山丘灌丛及村落附近 | 东 | + | |
| （三十五）鸦雀科 Paradoxornithidae | | | | | |
| 104. 棕头鸦雀<br>*Paradoxornis suffusus* | 留 | 常结群在灌木荆棘间窜动，在灌丛间作短距离的低飞 | 东 | ++ | |
| （三十六）莺科 Sylviidae | | | | | |
| 105. 强脚树莺<br>*Cettia fortipes* | 留 | 藏于浓密灌丛 | 东 | ++ | |
| 106. 东方大苇莺<br>*Acrocephalus orientalis* | 留 | 栖息于近水的树丛 | 东 | + | |
| 107. 棕腹柳莺<br>*Phylloscopus subaffinis* | 夏 | 栖息于湿地沿岸带、山地灌丛 | 东 | + | |
| 108. 黄眉柳莺<br>*Phylloscopus inornatus* | 旅 | 栖息于湿地沿岸带、山地灌丛 | 古 | + | |
| 109. 极北柳莺<br>*Phylloscopus borealis* | 旅 | 喜开阔有林地区、次生林及林缘地带 | 古 | + | |

| 名称 | 居留型 | 生境 | 区系 | 数量 | 保护级别 |
|---|---|---|---|---|---|
| 110. 棕脸鹟莺<br>*Seicercus albogularis* | 留 | 栖息于平原、山地森林和林线以上的高山灌丛地带 | 东 | + | |
| （三十七）扇尾莺科 Cisticolidae | | | | | |
| 111. 棕扇尾莺<br>*Cisticola juncidis* | 留 | 主要栖息于山地或平原农田有村舍附近草丛和灌丛中 | 东 | ++ | |
| 112. 纯色山鹪莺<br>*Prinia inornata* | 留 | 主要栖息于山地或平原农田有村舍附近草丛和灌丛中 | 东 | ++ | |
| （三十八）山雀科 Parus | | | | | |
| 113. 大山雀<br>*Parus major* | 留 | 多栖息山地林区，越冬移至平原地区林间 | 广 | ++ | |
| 114. 黄腹山雀<br>*Parus venustulus* | 留 | 栖息于山地森林 | 东 | ++ | |
| （三十九）长尾山雀科 Aegithalidae | | | | | |
| 115. 红头长尾山雀<br>*Aegithalos concinnus* | 留 | 栖息于灌丛或乔木间 | 东 | ++ | |
| （四十）绣眼鸟科 Zosteropidae | | | | | |
| 116. 暗绿绣眼鸟<br>*Zosterops japonicus* | 旅 | 栖于果树、柳树或其他阔叶树及竹林间 | 东 | + | |
| （四十一）雀科 Passeridae | | | | | |
| 117. 树麻雀<br>*Passer montanus* | 留 | 栖息于居民点和田野附近 | 广 | +++ | |
| （四十二）梅花雀科 Estrildidae | | | | | |
| 118. 白腰文鸟<br>*Lonchura striata* | 留 | 常见于低海拔的林缘、次生灌丛、农田及花园 | 东 | + | |
| 119. 斑文鸟<br>*Lonchura punctulata* | 留 | 常见于低海拔的林缘、次生灌丛、农田及花园 | 东 | + | |
| （四十三）燕雀科 Fringillidae | | | | | |
| 120. 燕雀<br>*Fringilla montifringilla* | 旅 | 繁殖期间栖息于阔叶林、针叶阔叶混交林和针叶林等各类森林中 | 广 | ++ | |

表D.1（续）

| 名称 | 居留型 | 生境 | 区系 | 数量 | 保护级别 |
|------|--------|------|------|------|----------|
| 121. 金翅雀 *Carduelis sinica* | 留 | 在平原他们活动于高大乔木的树冠中，而在山地则穿梭于低矮的灌木丛中 | 广 | ++ | |
| 122. 黑尾蜡嘴雀 *Eophona migratoria* | 留 | 栖息于低山和山脚平原地带的阔叶林、针阔叶混交林、次生林和人工林中 | 古 | ++ | |
| （四十四）鹀科 Emberizidae | | | | | |
| 123. 黄喉鹀 *Emberiza elegans* | 留 | 栖息于低山丘陵地带的次生林、阔叶林、针阔叶混交林的林缘灌丛中，尤喜河谷与溪流沿岸疏林灌丛 | 古 | ++ | |
| 124. 三道眉草鹀 *Emberiza cioides* | 留 | 栖息于低山丘陵地带的次生林、阔叶林、针阔叶混交林的林缘灌丛中，尤喜河谷与溪流沿岸疏林灌丛 | 古 | ++ | |
| 125. 黄眉鹀 *Emberiza chrysophrys* | 冬 | 栖息于低山丘陵地带的次生林、阔叶林、针阔叶混交林的林缘灌丛中，尤喜河谷与溪流沿岸疏林灌丛 | 古 | ++ | |
| 126. 田鹀 *Emberiza rustica* | 冬 | 广泛活动于平原和中高山地区，生活于山区的河谷溪流，平原灌丛和较稀疏的林地、耕地等环境 | 古 | ++ | |
| 127. 小鹀 *Emberiza pusilla* | 冬 | 栖于坝区的山麓灌丛、草坡 | 古 | ++ | |
| 128. 灰头鹀 *Emberiza spodocephala* | 冬 | 栖于坝区的山麓灌丛、草坡 | 古 | ++ | |

注：分类系统参考《中国鸟类分类与分布名录（第3版）》。

夏指夏候鸟；冬指冬候鸟；留指留鸟；旅指旅鸟。

东指东洋种；古指古北种；广指广布种。

# 附录 E  黄盖湖湿地兽类名录

表 E. 1  黄盖湖湿地兽类名录

| 目、科、种名 | 生境及习性 | 区系类型 | 数量 | 保护级别 |
|---|---|---|---|---|
| 一、兔形目 LAGOMORPHA | | | | |
| （一）兔科 Leporidae | | | | |
| 1. 草兔 *Lepus capensis* | 主要栖息于农田或农田附近沟渠两岸的灌丛、草丛，山坡灌丛及林缘 | 广布种 | ++ | 未列入 |
| 二、啮齿目 RODENTIA | | | | |
| （二）松鼠科 Sciuridae | | | | |
| 2. 岩松鼠 *Sciurotamias davidianus* | 主要栖息于山地、丘陵等多岩石地区。半树栖半地栖 | 古北种 | ++ | 未列入 |
| 3. 隐纹花松鼠 *Tamiops swinhoei* | 栖息于山地草坡、灌木丛及树林中 | 古北种 | + | 未列入 |
| （三）鼠科 Muridae | | | | |
| 4. 褐家鼠 *Rattus novegicus* | 栖息生境十分广泛，多与人伴居。仓库、厨房、荒野等地均可生存 | 东洋种 | +++ | 未列入 |
| 5. 黄胸鼠 *Rattus flavipectus* | 多于住房、仓库内挖洞穴居 | 东洋种 | ++ | 未列入 |
| 6. 小家鼠 *Mus musculus* | 喜栖于住宅、仓库以及田野、林地等处 | 广布种 | ++ | 未列入 |
| 7. 社鼠 *Niviventer confucianus* | 喜栖息于山地及丘陵地带的各种林区及灌木丛中，也栖息于农田、茶园及杂草丛中，具有广泛的生活环境 | 东洋种 | + | 未列入 |
| （四）仓鼠科 Cricetidae | | | | |
| 8. 东方田鼠 *Microtus fortis* | 栖息于稻田、沙边林地 | 广布种 | ++ | 未列入 |
| 三、食肉目 CARNIVORA | | | | |
| （五）鼬科 Mustelidae | | | | |

表E.1(续)

| 目、科、种名 | 生境及习性 | 区系类型 | 数量 | 保护级别 |
|---|---|---|---|---|
| 9. 黄鼬 *Mustela sibirica* | 栖息环境极其广泛，常见于森林林缘、灌丛、沼泽、河谷、丘陵和平原等地 | 广布种 | + | 未列入 |
| 10. 猪獾 *Arctonyx collaris* | 穴居于岩石裂缝、树洞和土洞中，亦侵占其他兽穴。夜行性，食性庞杂 | 广布种 | + | 省级 |
| 11. 狗獾 *Meles meles* | 栖息于森林、灌丛、荒野、草丛及湖泊堤岸等生境。性好洁，穴居 | 广布种 | ++ | 省级 |
| 12. 鼬獾 *Melogale moschata* | 一般栖息于海拔1 000米以下的树林草丛、土丘、石缝、土穴中 | 东洋种 | + | 省级 |
| 四、偶蹄目 ARTIODACTYLA | | | | |
| （六）猪科 Suidae | | | | |
| 13. 野猪 *Sus scrofa* | 主要栖息于阔叶林、针阔混交林，也出没于林缘耕地 | 广布种 | ++ | 未列入 |

注：分类系统参考1993年出版的《中国兽类分布名录》，由王玉玺、张淑云等主编。

# 附录F　黄盖湖湿地浮游植物名录

表F.1　黄盖湖湿地浮游植物名录

| 种名 | 1 | 2 | 3 | 4 |
|---|---|---|---|---|
| I 硅藻门 Bacillariophyta | | | | |
| 1. 小环藻 *Cyclotena* sp. | + | + | | + |
| 2. 梅尼小环藻 *C. meneghiniana* | | | | + |
| 3. 直连藻 *Melosira* sp. | + | + | + | |
| 4. 颗粒直连藻 *M. granulata* | | + | | |
| 5. 变异直链藻 *M. varians* | | | | + |
| 6. 针杆藻 *Synedra* sp. | + | + | + | |
| 7. 肘状针杆藻 *Synedra ulna* | | | + | |
| 8. 尖针杆藻 *Synedra acus* | + | + | | + |
| 9. 钝脆杆藻 *Fragilaria capucina* | + | | | |

表F.1(续)

| 种名 | 1 | 2 | 3 | 4 |
|---|---|---|---|---|
| 10. 羽纹脆杆藻 *F. pinnata* | | | + | |
| 11. 星杆藻 *Asterionella* sp. | | + | | |
| 12. 等片藻 *Diatoma* sp. | | | + | |
| 13. 舟形藻 *Navicula* sp. | + | + | + | + |
| 14. 桥弯藻 *Cymbetta* sp. | | + | | |
| 15. 埃伦桥弯藻 *C. ehrenbergii* | | | | + |
| 16. 羽纹藻 *Pinnularia* sp. | | | + | |
| 17. 卵形藻 *Cocconeis* sp. | | + | | |
| 18. 菱形藻 *Nitzschia* sp. | | + | | |
| 19. 曲壳藻 *Achnanthes* sp. | | + | + | |
| 20. 布纹藻 *Gyrosigma* sp. | | + | | |
| 21. 异极藻 *Gomphonema* sp. | | | + | |
| 22. 双菱藻 *Surirella* sp. | + | | | + |
| Ⅱ 蓝藻门 Cyanophyta | | | | |
| 23. 色球藻 *Chroococcus* sp. | + | + | | + |
| 24. 席藻 *Phormidium* sp. | | + | + | |
| 25. 皮状席藻 *P. corium* | | | + | |
| 26. 集胞藻 *Synechocystis* sp. | + | | + | |
| 27. 微囊藻 *Microcystis* sp. | | + | | + |
| 28. 颤藻 *Oscillatoria* sp. | | + | + | + |
| 29. 大螺旋藻 *Spirulina major* | | | + | |
| 30. 鞘丝藻 *Lyngbya* sp. | | | + | |
| 31. 假鱼腥藻 *Pseudanabaena* sp. | + | + | | |
| 32. 凯氏鱼腥藻 *Anabaena kisseleviana* | | + | | + |
| 33. 蓝纤维藻 *Dactylococcopsis* sp. | + | | | |
| Ⅲ 绿藻门 Chlorophyta | | | | |
| 34. 月牙藻 *Selenastrum* sp. | | + | | |
| 35. 卵囊藻 *Oocystis* sp. | + | + | | |
| 36. 弓形藻 *Schroederia* sp. | + | | | |
| 37. 空球藻 *Eudorina elegans* | | + | | |
| 38. 集星藻 *Actinastrum* sp. | | + | | + |

表F.1(续)

| 种名 | 1 | 2 | 3 | 4 |
|---|---|---|---|---|
| 39. 针形纤维藻 *Ankistrodesmus acicularis* | + | | + | + |
| 40. 微孢藻 *Microspora* sp. | | + | + | |
| 41. 双星藻 *Zygnema* sp. | + | | | + |
| 42. 细丝藻 *Ulothrix tenerrina* | | + | | + |
| 43. 水绵 *Spirogyra* sp. | | + | | + |
| 44. 单角盘星藻 *Pediastrum simplex* | | + | | + |
| 45. 角星鼓藻 *Staurastrum* sp. | + | | | |
| 46. 梭形鼓藻 *Netrium* sp. | | | + | |
| 47. 四尾栅藻 *Scenedesmus quadricauda* | | + | + | + |
| IV裸藻门 Euglenophyta | | | | |
| 48. 裸藻 *Euglena* sp. | + | + | | |
| 49. 扁裸藻 *Phacus* sp. | | + | | + |
| V甲藻门 Dinophyta | | | | |
| 50. 角甲藻 *Ceratium* sp. | | + | | |
| VI金藻门 Chrysophyta | | | | |
| 51. 长锥形锥囊藻 *Dinobryon bavaricum* | | | + | + |

# 附录G  黄盖湖湿地浮游动物名录

表 G. 1  黄盖湖湿地浮游动物名录

| 动物名 | 1 | 2 | 3 | 4 |
|---|---|---|---|---|
| I 原生动物 Protozoa | | | | |
| 1. 矛状鳞壳虫 *Euglypha laevis* | | + | + | |
| 2. 冠砂壳虫 *Difflugia corona* | + | | + | |
| 3. 片口砂壳虫 *Diffugia lobostoma* | | + | + | |
| 4. 辐射变形虫 *Amoeba radiosa* | + | | | + |
| 5. 王氏似铃壳虫 *Tintionnopsis wangi* | | + | + | + |
| 6. 陀螺侠盗虫 *Strobilidium velox* | + | | + | |
| 7. 球形方壳虫 *Quadrulella globulosa* | | + | | |

| 动物名 | 1 | 2 | 3 | 4 |
|---|---|---|---|---|
| Ⅱ轮虫 Rotatoria | | | | |
| 8. 萼花臂尾轮虫 *Brachionus calyciflorus* | | + | | |
| 9. 壶状臂尾轮虫 *Brachionus urceus* | | + | + | |
| 10. 矩形臂尾轮虫 *Brachionus leydigi* | | + | + | + |
| 11. 镰状臂尾轮虫 *Brachionus falcatus* | | | + | |
| 12. 矩形龟甲轮虫 *Kerafella quadrata* | + | + | + | |
| 13. 曲腿龟甲轮虫 *Kerafella valga* | + | | | |
| 14. 裂足轮虫 *Schizocerca diversicornis* | + | | | + |
| 15. 长刺异尾轮虫 *Trichocerca longiseta* | | + | | |
| 16. 前节晶囊轮虫 *Asplanchna priodonta* | + | | + | |
| 17. 独角聚花轮虫 *Conochilus unicornis* | | | + | |
| 18. 针簇多肢轮虫 *Polyarthra trigla* | + | + | | |
| 19. 单趾轮虫 *Monostyla* sp. | + | | + | |
| 20. 三肢轮虫 *Filinia* sp. | | + | + | |
| 21. 尾棘巨头轮虫 *Cephalodella sterea* | | | + | |
| 22. 方块鬼轮虫 *Trichotria tetractis* | | + | | |
| 23. 四角平甲轮虫 *Platyias quadricornis* | | | | + |
| Ⅲ枝角类 Cladocera | | | | |
| 24. 微形裸腹溞 *Moina micrura* | | + | | + |
| 25. 矩形尖额溞 *Alona retangula* | | | + | |
| 26. 长额象鼻溞 *Bosmina longirostris* | | + | + | |
| 27. 脆弱象鼻溞 *Bosmina fatalis* | + | | | + |
| 28. 圆形盘肠溞 *Chydorus ovalis* | | | + | + |
| 29. 多刺秀体溞 *Diaphanosoma sarsi* | | + | | |
| Ⅳ桡足类 Copepoda | | | | |
| 30. 汤匙华哲水蚤 *Sinocalanus dorrii* | | | + | + |
| 31. 右突新镖水蚤 *Neodiaptomus schmackeri* | + | | | |
| 32. 广布中剑水蚤 *Mesocyclops teuckarti* | | + | + | |
| 33. 无节幼体 Nauplius | + | | + | + |

# 附录 H 黄盖湖山地底栖动物名录

表 H.1 黄盖湖山地底栖动物名录

| 门 | 种名 |
|---|---|
| 环节动物门 Annelida | 1. 中华颤蚓 *Tubifex sinicus* |
| | 2. 苏氏尾鳃蚓 *Branchiura sowerbyi* |
| | 3. 霍甫水丝蚓 *Limnodrilus hoffmeisseri* |
| | 4. 夹杂带丝蚓 *Lumbriculus variegatum* |
| | 5. 维窦夫盘丝蚓 *Bothrioneurum vejdovskyanum* |
| 软体动物门 Mollusca | 6. 圆顶珠蚌 *Unio dauglasiae* |
| | 7. 背角无齿蚌 *Anodonta woodiana* |
| | 8. 中华圆田螺 *Cipangapaludina cathayensis* |
| | 9. 铜锈环棱螺 *Bellamya aeruginosa* |
| | 10. 长角涵螺 *Alocinma longicornis* |
| | 11. 椭圆萝卜螺 *Radix swinhoei* |
| | 12. 矛形楔蚌 *Cuneopsis celtiformis* |
| | 13. 三角帆蚌 *Hyriopsis cumingii* |
| | 14. 中华沼螺 *Parafossarulus sinensis* |
| | 15. 大沼螺 *Parafossarulus eximius* |
| | 16. 方格短沟蜷 *Semisulcospira cancellata* |
| | 17. 湖球蚬 *Sphaerium lacustre* |
| | 18. 河蚬 *Corbicula fluminea* |
| | 19. 湖沼股蛤 *Limnoperna fortunei* |
| 节肢动物门 Arthropoda | 20. 日本沼虾 *Macrobrachium nipponense* |
| | 21. 细足米虾 *Caridina nilotica gracilipes* |
| | 22. 中华米虾 *Caridina denticulate sinensis* |
| | 23. 钩虾 *Gammarus* sp. |
| | 24. 克氏螯虾 *Cambarus clarkii* |
| | 25. 蜓 *Aeschna* sp. |
| | 26. 二翼蜉 *Cloeon dipterum* |
| | 27. 长足摇蚊 *Tanypus* sp. |
| | 28. 斑点摇蚊 *Stictochironomus* sp. |

# 附录 I 黄盖湖湿地鱼类名录

表 I. 1 黄盖湖湿地鱼类名录

| 目 | 科 | 种 | 数量 |
|---|---|---|---|
| 一、鲤形目<br>CYPRINIFORMES | （一）鲤科<br>Cyprinidae | 1. 宽鳍鱲 *Zacco platypus* | + |
| | | 2. 马口鱼 *Opsariichthys bidens* | + |
| | | 3. 草鱼 *Ctenopharyngodon idellus* | ++ |
| | | 4. 团头鲂 *Megalobrama amblycephala* | +++ |
| | | 5. 银飘鱼 *Pseudolaubuca sinensis* | ++ |
| | | 6. 红鳍鲌 *Culter erythropterus* | + |
| | | 7. 翘嘴鲌 *Culter alburnus* | +++ |
| | | 8. 黑尾近红鲌 *Ancherythroculter nigrocauda* | ++ |
| | | 9. 蒙古鲌 *Culter mongolicus* | ++ |
| | | 10. 银鲴 *Xenocypris argentea* | ++ |
| | | 11. 黑鳍鳈 *Sarcocheilichthys nigripinnis* | + |
| | | 12. 麦穗鱼 *Pseudorasbora parva* | + |
| | | 13. 蛇鮈 *Saurogobio dabryi* | + |
| | | 14. 棒花鱼 *Abbottina rivularis* | + |
| | | 15. 鲤 *Cyprinus carpio* | +++ |
| | | 16. 鲫 *Carassius auratus* | +++ |
| | | 17. 鲢 *Hypophthalmichthys molitrix* | +++ |
| | | 18. 鳙 *Aristichthys nobilis* | +++ |
| | | 19. 中华鳑鲏 *Rhodeus sinensis* | ++ |
| | （二）胭脂鱼科<br>Catostomidae | 20. 胭脂鱼 *Myxocyprinus asiaticus* | + |
| | （三）鳅科<br>Cobitidae | 21. 中华花鳅 *Cobitis sinensis* | ++ |
| | | 22. 泥鳅 *Misgurnus anguillicaudatus* | + |

表I.1(续)

| 目 | 科 | 种 | 数量 |
|---|---|---|---|
| 二、鲇形目<br>SILURIFORMES | （四）鲇科<br>Siluridae | 23. 鲇 *Silurus asotus* | ++ |
| | | 24. 南方鲇 *Silurus meridionalis* | ++ |
| | （五）鲿科<br>Bagridae | 25. 黄颡鱼 *Pseudobagrus fulvidraco* | +++ |
| | | 26. 光泽黄颡鱼 *Pseudobagrus nitidus* | +++ |
| | | 27. 瓦氏黄颡鱼 *Pseudobagrus vachelli* | +++ |
| 三、鲈形目<br>PERCIFO | （五）刺鳅科<br>Mastacembelidae | 28. 刺鳅 *Mastacembelus aculeatus* | ++ |
| | （六）鮨科<br>Serranida | 29. 鳜 *Siniperca chuatsi* | ++ |
| | | 30. 大眼鳜 *Siniperca kneri* | ++ |
| | | 31. 斑鳜 *Siniperca schezeri* | ++ |
| | （八）鳢科<br>Ophiocephalidae | 32. 乌鳢 *Ophiocephalus argus* | +++ |
| 四、合鳃目<br>YMBRANCHI-FORMES | （九）合鳃科<br>Symbranchidae | 黄鳝 *Monopterus albus* | ++ |

## 附录 J　本次科考中的部分工作照

图 1　黄盖湖科考工作照（一）

图 2　黄盖湖科考工作照（二）

图 3　黄盖湖科考工作照（三）

图 4　黄盖湖科考工作照（四）

图 5　黄盖湖科考工作照（五）

图 6　黄盖湖科考工作照（六）

图 7　黄盖湖科考工作照（七）

图 8    湿地内人为活动情况

## 附录 K  黄盖湖湿地生物多样性调查报告编制组

| 姓名 | 专业 | 职务、职称 | 单位 |
|---|---|---|---|
| 刘虹 | 植物学 | 教授，国家民委生物技术重点实验室副主任 | 中南民族大学 |
| 覃瑞 | 植物学 | 教授，院长 | |
| 兰德庆 | 植物学 | 博士 | |
| 向妮艳 | 生态学 | 博士 | |
| 易丽莎 | 植物学 | 工程师 | |
| 兰进茂 | 生态学 | 工程师 | |
| 詹鹏 | 生态学 | 科研助理 | |
| 陈喜棠 | 植物学 | 硕士 | |
| 陆归华 | 植物学 | 硕士 | |
| 江雄波 | 林业技术 | 教授，正高职高级工程师 | 湖北生态工程职业技术学院 |
| 钟昌龙 | 观赏园艺 | 副教授 | |
| 杨杰峰 | 生态学 | 副教授，高级工程师 | |
| 宋璨 | 生态学 | 讲师 | |
| 王贝利 | 生态学 | 讲师 | |
| 匡敏 | 林业技术 | 讲师，工程师 | |
| 熊杰 | 植物学 | 讲师 | |
| 宋菲 | 林业技术 | 工程师 | 湖北省林业科学研究院 |
| 宋东坡 | 林业技术 | 处长 | 湖北省赤壁陆水湖国家湿地公园管理处 |
| 蔡贤壁 | 林业技术 | 总工程师 | |
| 项艳阶 | 林业技术 | 科长 | |
| 洪波 | 管理学 | 科长 | |

# 参考文献

［1］赤壁市文化体育和新闻出版局. 文化赤壁［M］. 北京：中国文史出版社，2015.

［2］政协赤壁市委员会办公室. 人文赤壁读本［M］. 北京：中国文史出版社，2015.

［3］中国科学院中国植物志编辑委员会. 中国植物志（全卷）［M］. 北京：科学出版社，1994.

［4］傅书遐. 湖北植物志［M］. 武汉：湖北科学技术出版社，2002.

［5］周帆琦，沙茜，王述潮，等. 武汉府河湿地鸟类多样性研究［J］. 华中师范大学学报（自然科学版），2022，56（6）：970-983.

［6］约翰·马敬能. 中国鸟类野外手册上马敬能新编版［M］. 李一凡，译. 北京：商务印书馆，2022.

［7］约翰·马敬能. 中国鸟类野外手册下马敬能新编版［M］. 李一凡，译. 北京：商务印书馆，2022.

［8］厉恩华，杨超，蔡晓斌，等. 洪湖湿地植物多样性与保护对策［J］. 长江流域资源与环境，2021，30（3）：623-635.

［9］乐通潮. 认识湿地［J］. 福建林业，2022（1）：26-27.

［10］杨杰峰，杜丹，田思思，等. 湖北省典型湖泊湿地生物多样性评价研究［J］. 水生态学杂志，2017，38（3）：15-22.

［11］刘德荣，吴澜，刘兰，等. 湖北省湿地植物多样性调查与生态修复策略研究［J］. 林业调查规划，2022，47（6）：76-81.